열유체실험실습

이채문 (기계공학과교수)

박남섭 (기계공학과교수)

이점주 (기계공학과교수)

고성도서

목 차

1. 온도의 측정

[1] 개요

열은 물체를 구성하는 분자의 분자운동에 의한 에너지의 형태이며, 온도(溫度는 그 물체의 분자운동 에너지의 활발성을 양적으로 나타낸 것이다. 따라서 온도는 압력, 비체적과 함께 유체의 상태를 결정하는 상태량의 하나로, 유체 특히, 기체를 취급하는 경우에는 온도 측정 없이는 실험을 진행할 수 없다.

일반적으로 온도를 측정하는 온도계는 열에 의한 물질의 팽창과 전기저항 및 열기전력 등의 물성치의 온도에 의한 변화를 이용한 것이며, 이 물성치들은 온도 및 물질에 따라 다르다.

본 실험에서는 유리관온도계, 열전기식 온도계, 전기저항 온도계, 광 고온계 등 각종 온도계의 측정 원리를 이해하고, 온도측정에 수반하는 오차와 그의 보정법 온도계의 검정 방법을 상온부터 1000℃ 이상의 측정온도를 대상으로 하여 실험한다.

[2] 온도의 눈금

온도의 눈금은 스웨던의 Anders Celsius(1701~1744)가 온도의 정점으로 표준 대기압(1[atm]=0.101325[MPa])에서 순수한 물의 빙점을 0[°], 증기점을 100[°]으로 하고, 이를 100등분한 것을 1[℃]로 정한 것으로 섭씨온도(Celsius 度)라고 하며 ℃로 표기한다. 미터단위를 채용하는 나라에서 주로 사용되고 있다.

한편, 독일의 Deniel Farenheit (1688~1736)는 표준대기압에서 물의 빙점을 32[°], 증기점을 212[°]로 정하고 이를 180 등분하여 것으로 1[°F]로 정한 것으로 화씨온도라고 하며 °F로 표시한다. 영국, 미국 등에서 주로 사용하고 있다.

섭씨온도 t ℃와 화씨온도 t_F °F 사이에는 다음과 같은 관계를 갖는다.

$$0℃ = 32°F,\quad 100℃ = 212°F$$

$$t/100 = (t_F - 32) / 180$$

$$°F = \frac{9}{5}℃ + 32$$

열팽창을 이용한 수은온도계와 가스온도계에서 온도의 지시도가 다르다. 이러한 불편을 없애기 위하여 온도 측정에 사용되는 물질에 좌우되지 않는 온도의 눈금으로써 19세기 캘빈경이 정한 온도 눈금인 절대온도를 사용한다. 절대온도는 국제 표준으로 사용하는 온도체계이며 절대온도 0K는 이론적으로 가능한 최저온도이며 이상적인 기체의 부피가 0이 되는 절대영도로 -273.15℃에 해당된다. 이 절대 0도를 온도정점으로 하고 눈금의 간격을 섭씨온도와 같이 정한 온도를 절대온도(Absolute Temperature)라 하며, 절대온도 단위는 [K](Kelvin)로 표시한다. 절대온도를 T[K]라 하고 섭씨온도를 t ℃라고 하면 이들의 관계는 다음과 같다.

$$T[K] = t\ ℃ + 273.15$$

한편, 절대온도를 화씨의 눈금으로 나다낸 것을 [° R](Rankine)로 표시한다. 화씨 눈금의 절대온도는 $T[^oR]$로 표기하며, 화씨온도 t_F°F 및 랭킨온도 $T[^oR]$ 간의 관계는 다음과 같다.

$$T[^oR] = t_F + 459.67 \qquad \text{[Rankine 度]}$$

$$T[^oR] / T[K] = 9/5$$

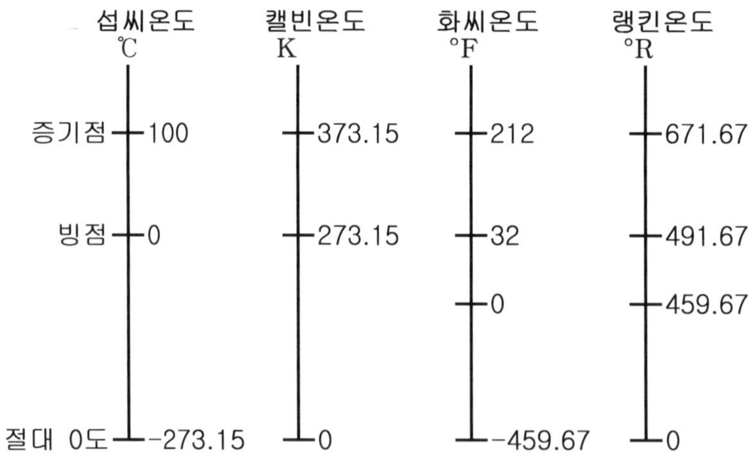

온도눈금의 비교

3 온도계의 종류 및 측정범위

현재 사용되고 있는 온도계의 종류 및 그의 측정 가능 범위를 표시하면 다음과 같다.

방 법	물리적 성질		온도계의 종류		측정범위
접촉식	열팽창	고체	봉형		-100℃ ~ 500℃
			코일형		-100℃ ~ 500℃
			바이메탈		-50℃ ~ 300℃
		액체	유리제 온도계	알콜	-100℃ ~ 100℃
				수은	-80℃ ~ 100℃
			압력계 형	수은	-35℃ ~ 500℃
		기체		증기압형	-50℃ ~ 370℃
				질소 팽창형	-150℃ ~ 500℃
			기체		-263.15℃ ~ 1600℃
	기전력의 변화		열전대	platinum-platinum Rhodium	0℃ ~ 1500℃
				Iron-Constantan	-200℃ ~ 800℃
				Copper-Constantan	-200℃ ~ 350℃
				Chromel-Alumel	-200℃ ~ 1000℃
				Tungsten-Iron	400℃ ~ 1500℃
				Molybdenum-Iron	400℃ ~ 1500℃
				Molybdenum-Tungsten	800℃ ~ 1800℃
	전기저항의 변화		측온 저항체	백금	-200℃ ~ 1000℃
				니켈	-100℃ ~ 300℃
				수은	-35℃ ~ 350℃
				납	-273.15℃ ~ -180℃
	상태의 변화		Seger cone(제게르 콘)		600℃ ~ 2000℃
			써모칼라(도료)		35℃ ~ 550℃
무접촉식	전 복사에네지량의 변화		광 고온계		600℃ 이상
	복사 에너지의 최대 파장변화		색 온도계		600℃ 이상

4 실험

1) Thermocouple 의 이용

그림에 도시한 바와 같이 서로 다른 금속선 1-2의 양단을 접하여 회로를 만들고 양금속의 접합부 H와 C를 각각 온도 Th와 Tc로 할때는 기전력(Electro Motive Force)이 생겨서 회로에 전류가 흐른다. 이와 같은 결과를 Peltier effect와 thomson effect에 기인한다.

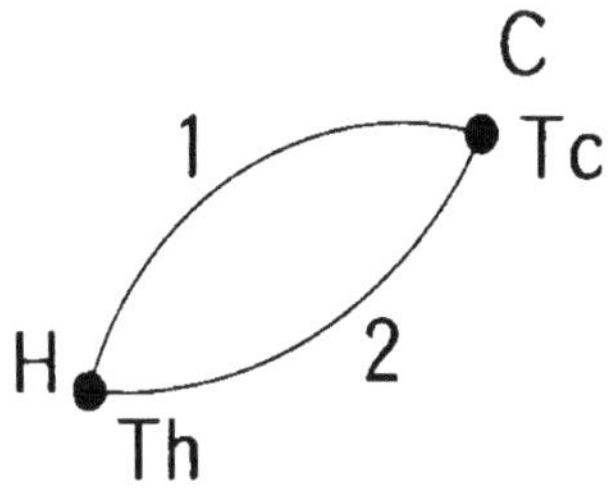

이와 같은 금속의 조합을 열전대라 말한다. 열전대 온도계는 이것을 이용하여 회로에 발생하는 기전력(mv)의 크기를 온도로써 환산함으로써 온도를 측정하는 기기이다.

2) 열전대 온도계의 접선방법

a)

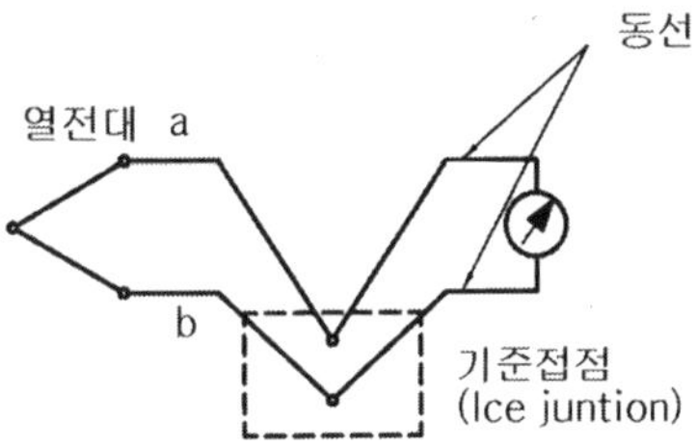

b)

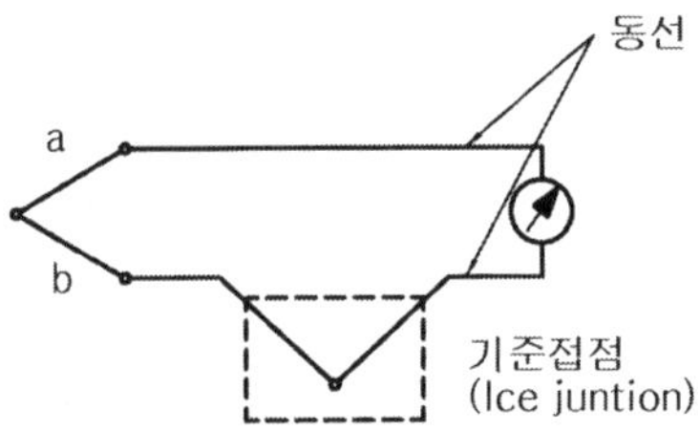

c)

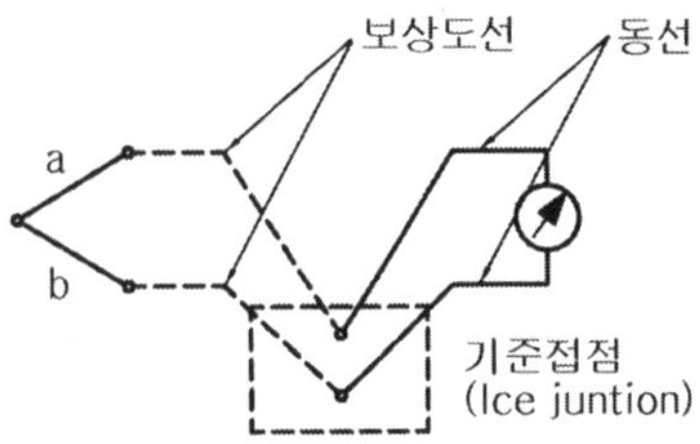

d)

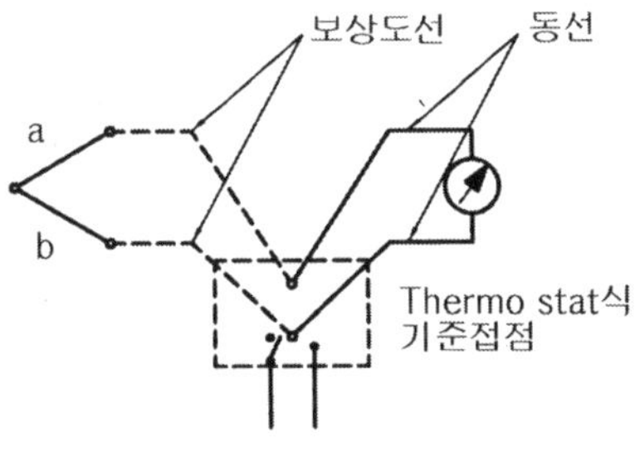

e)

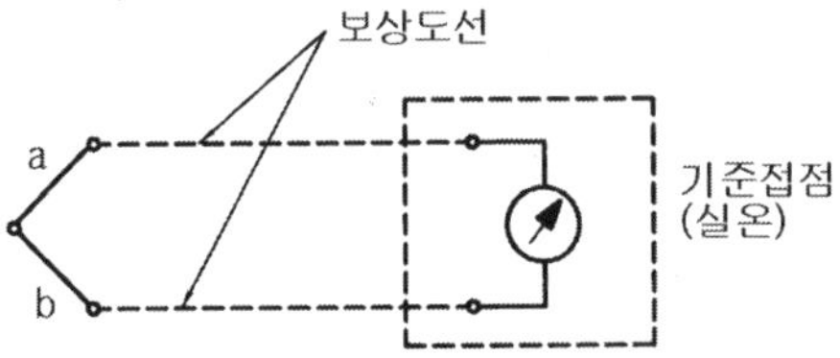

2. 비 중 측 정

1 실험목적

물체(액체, 기체, 고체)의 비중이나 비중량은 물체의 무게나 유체의 의한 압력과 부력을 계산할 때 필수적인 물리량이다. 비중량은 체적을 알고 있는 물체의 무게를 정밀하게 측정함으로써 얻을 수 있으며, 액체의 밀도 또는 비중을 계측하는 가장 보편적인 수단은 비중계(hydrometer)를 사용하여 비중을 측정한다.

2 실험준비

(1) 19본 비중계(hydrometer)
(2) 온도계
(3) 실험 액체(기름, 물, 기름+물, 기타 액체)
(4) 디지털 저울
(5) 버니어 캘리퍼스

3 실험 관계식

(1) 물체가 유체에 떠 있을 때

(물체 무게 = γV) = (부력 = $\gamma^1 V^1$)

γ : 물체의 비중량(kg$_f$/ m^3)
V : 물체의 부피(m^3)
γ^1 : 유체의 비중량(kg$_f$/ m^3)
V^1 : 유체내 물체의 부피(m^3)

(2) 비중의 정의

가) 액체, 고체

$$\text{비중(S)} = \frac{\text{물체(액체, 고체)의 무게}(\gamma)}{\text{같은 체적의 4℃의 물의 무게}(\gamma_w)}$$

4℃ 물의 비중량(γ_w) = 1000 kg$_f$/ m^3 = 9800 N/m^3
= 1 g/cm^3

나) 기체

$$비중(S) = \frac{기체의\ 무게(\gamma)}{표준상태\ 공기의\ 무게(\gamma_a)}$$

공기의 표준상태 비중량(γ_a) = 1.29 kg_f/m^3 (1atm 압력 0℃)

4 실험방법

(1) 액체의 비중은 비중계를 이용하여 부력에 의한 그 평형위치가 다르다는 사실을 이용하여 액면과 만나는 눈금을 읽어서 측정한다.

(2) 먼저 물의 비중(S=1)을 비중계를 사용하여 확인해 본 후 기타 다른 액체의 비중을 측정한다.

(3) 기름의 비중을 측정할 때는 기름의 비중이 1이하이므로 비중계 눈금이 1 이하인 것을 선택하여 액체 내에 띄운다. 비중계가 떠서 정지상태에 있음을 확인하고 액체의 액면과 만나는 눈금을 읽는다.

(4) 유체의 온도를 측정하여 임의 온도 하에서의 비중치 임을 기록한다.

5 실험문제

어떤 비중계를 임의 기름에 넣었더니 물에 넣었을 때 보다 4 cm 더 가라앉았다. 이 비중계의 무게를 디지털 저울에 달아보았더니 16g 이었고, 비중계의 유리막대의 지름이 5mm 이다. 기름의 비중을 구하라?

3. SAYBOLT 점도측정

1 실험목적

모세관식 점성계인 SAYBOLT Universal viscometer를 이용하여 석유류의 동점도 및 점도를 측정한다. 이 점도계는 SAYBOLT초가 32초 이상 1000초 이하에서만 사용할 수 있다.

2 실험장치

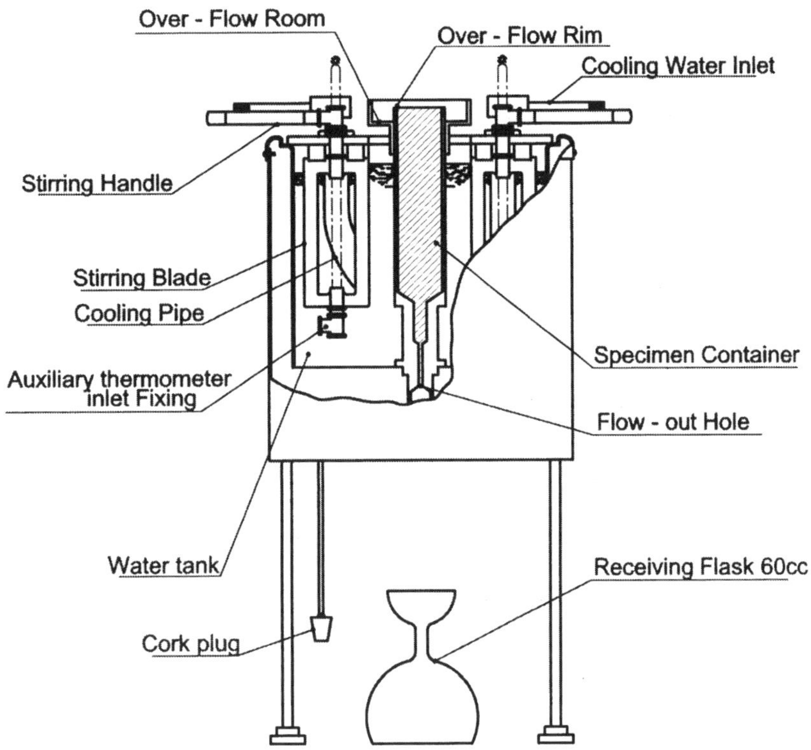

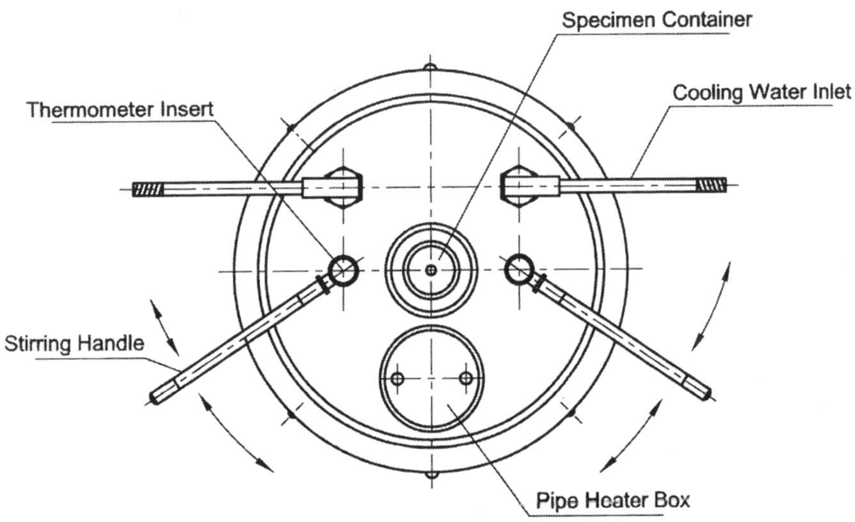

3 실험준비

1) SAYBOLT Viscometer & Bath
2) Thermometer Support
3) Filter Funnel
4) Thermometer (34~42℃)
5) Receiving Flask (60cc)
6) Stop Watch

4 실험방법

1) 비중계와 중탕조를 바람이 없고 대기 온도의 변화가 급격하지 않은 곳에 설치한다.
2) 실험 액이 먼지 등에 의해 더럽혀지지 않도록 한다.
3) 정확한 실험을 하려면 실내온도를 20~30℃로 유지하는 것이 좋다.
4) 중탕조에 온도계를 설치한다.
5) 비중계와 플라스크를 비 독성 솔벤트가 완전히 제거되도록 한다.
6) Viscometer 하부의 오리피스를 스톱퍼를 사용하여 막는다.
7) 실험액을 100메쉬의 Filter Funnel로 걸러서 비중계의 Over flow rim에 차도록 넣는다.
8) Stopper를 떼었을 때 비중계의 오리피스로 부터 흘러내리는 실험 액을 받을 수 있도록 비중계 아래에 플라스크를 놓는다. 비중계의 밑 부분에서 플라스크의 눈금표시 된 곳까지의 거리는 100~130mm 이어야 한다.
9) 중탕조에 연결된 물 유입 호스를 통해 중탕조에 물을 채운다. 이때 물의 높이는 적어도 비중계의 Over flow rim 보다 ¼인치 높아야 한다.
10) 전원을 연결 히터를 작동시켜 물을 가열한다. 실험온도(37.78℃=100°F) 도달 후 중탕조 내의 물의 온도가 ±0.05℃ 이상 유동이 없도록 조절한다. (본 실험에서는 온도 상승 시 찬물을 유입시켜 수온조절)
11) 실험액이 충분히 가열되면 스톱퍼를 빼내어 실험액이 플라스크에 흘러내릴 수 있도록 하며 동시에 스톱워치를 작동시켜 시간을 잰다. 이때 사용하는 스톱워치는 1/10초까지 잴수 있고 60분 간격으로 시간을 측정 할 때 오차가 0.1%이하인 정확한 시계를 사용한다.
12) 흘러내린 실험액이 플라스크의 눈금 부분까지 채워지는 순간 시계를 멈춰 시간을 기록한다.
13) 실험 반복 시 비중계와 플라스크를 비독성 솔벤트로 닦은 후에 실시한다.

5 실험결과의 처리

1) 계산에 의한 방법

일정 용량의 액체가 규정의 조건에 점도계의 모세관을 흐르는 시간을 측정하고 이 유출시간(t)과 점도계 정수에서 동점도를 산출한다. 또 점도는 동점도를 측정하였을 때 같은 온도에 있어서의 밀도를 측정하고 이 밀도와 동점도를 곱하여 구한다.

점도계 정수

Viscometer	A	B
SAYBOLT Universal	0.236×10^{-5}	194×10^{-5}
RED WOOD	0.280×10^{-5}	185×10^{-5}
ENGLUER	0.159×10^{-3}	405×10^{-5}

① 동점성 계수(v) = At - B/t (ft^2/sec)

- 단위를 m^2/sec로 환산한다.
- 동점도의 단위인 Cst로 나타낸다.   1Cst = 10^{-6} m^2/sec
- 1 ft^2/sec = 0.3048^2 m^2/sec

② 점성계수 $\mu = \rho v$ ($kg \cdot sec/m^2$)

- $\rho = \frac{s}{s_w} \times \rho_w$

여기서,

s : 물질의 비중

s_w : 물의 비중

(2) 표를 이용하는 방법

KSM 2014의 표를 이용하여 각각의 SAYBOLT Unversal 초에 해당하는 동점도(센티스토크스 Cst)를 찾을 수 있다.

6 실험 결과표

구　　　분	1 회	2 회	3 회	4 회	5 회	평균
SAYBOLT 초 (sec)						
동점성계수(ft^2/sec)						
동점성계수(m^2/sec)						
동점성계수(Cst)						
점성계수(kg.sec/m^2)						

4. ASTM 증류실험

(American Society for Testing Materials)

1 실험목적

ASTM 증류장치를 이용하여 휘발유의 증발량과 그 때 온도와의 관계를 조사하고 ASTM 증류곡선을 작성하여 휘발유의 휘발성에 대하여 고찰한다.

2 실험장치

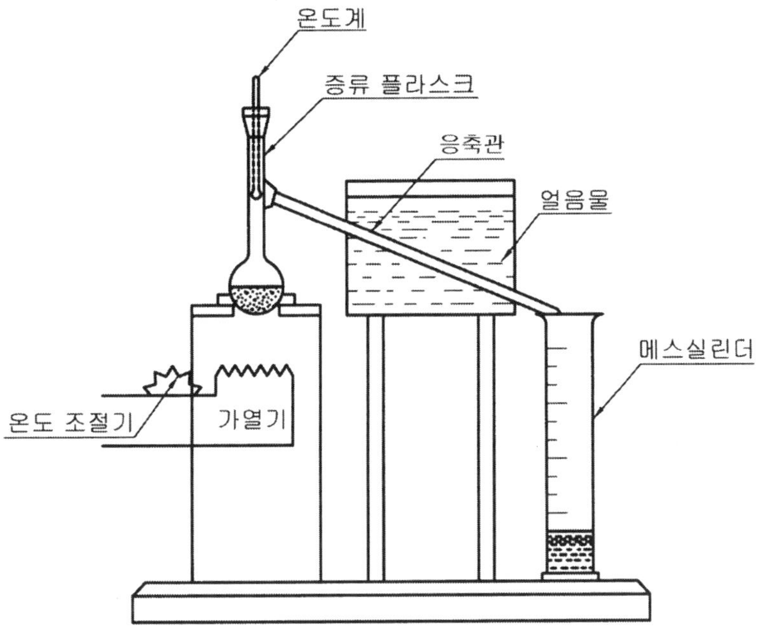

증류 실험장치

3 실험준비

1) 냉각관을 담그는 중탕에는 중탕의 온도가 0~4℃로 되게끔 불연성의 냉각제, 예를 들면 어름, 물, 소금물, 에틸렌, 글리콜 수용액 등을 채운다. 어름조각을 쓸 경우에는 냉각관이 완전히 잠기도록 물을 넣는다. 시험 중 냉각 중탕을 규정온도로 유지하기에 필요하다면 냉각액의 순환, 공기 취입 등을 한다. 받은 그릇을 담그는 물중탕도 같이 13~18℃를 유지하는데 필요한 조치를 취한다.

2) 부드러운 헝겊을 가죽끈 또는 동선에 붙여 냉각관 내부를 닦고, 먼저 행한 시험 중에 남은 기름을 없앤다.
3) 시료의 온도가 13~18℃ 범위 내가 되도록 조정한다. 다음에 이 시료 100㎖를 받는 그릇으로 받아 내고 가지관에 흘러 들어가지 않도록 주의하면서 플라스크에 옮겨 넣는다.
4) 코르크 마개에 꽂은 온도계를 플라스크 주둥이의 중앙에 끼고 온도계의 모세관 밑 끝이 플라스크 가지관 부근의 안벽, 밑면과 수평이 되도록 한다.
5) 플라스크 받침판의 위에 플라스크를 놓고, 가지관을 코르크 마개로 냉각관에 단단히 접속한다. 이때 플라스크는 수직으로 하고 가지관은 20~50㎜만 냉각관내에 들어가도록 플라스크의 위치를 조절한다.
6) 시료의 양을 측정할 때에 쓰는 그릇은 건조시키지 말고 냉각관 출구의 물 중탕 중에 놓고 냉각관 밑 끝 부분이 그 중앙에 적어도 25㎜ 깊이에 들어가고, 또 100㎜의 눈금선 보다 낮게 되지 않도록 한다. 받는 그릇의 입구는 냉각관의 바깥지름에 맞추어 구멍을 뚫는 거름종이 또는 이와 같은 겉으로 꼭 덮는다. 받는 그릇을 담근 물 중량의 액면은 받는 그릇의 100㎖l의 눈금보다 높게 유지한다.

4 실험방법

1) 시료 100㎖를 넣은 플라스크를 가열한다. 가열을 시작하고 초류점(응축시작점)에 도달할 때의 시간이 규정(5~10분)을 넘지 않도록 조절한다.
2) 초류점을 읽고 나서 곧 냉각관의 밑 끝 부분이 받는 그릇(메스실린더) 안측에 닿게 그릇을 움직인다.
3) 초류점 에서부터 증류를 끝낼 때까지의 사이에 규정 유출량에 대한 유출온도, 또는 유출온도에 대한 유출량 중 필요한 쪽을 택해 기록한다. 받는 그릇(메스실린더)에 모여진 유출량은 0.5㎖까지 읽고 기록하며, 온도계의 눈금은 0.5℃ 까지 기록한다.
4) 온도계의 눈금이 370℃에 달하든지 열분해 온도에 달할 경우에는 시험을 그치고, 그렇지 않은 경우에는 실험을 계속한다.
5) 플라스크 내에 담아 있는 기름이 약 5㎖되면 그 이후 종말점에 달할 때까지 시간이 규정(3~5분)에 합치도록 필요에 따라 실험을 계속하고 최후의 가열 조절을 바꾸어서 실험한다.
6) 만일 최후의 5㎖를 유출시켜 종점에 달할 때까지의 시간이 5분을 지났을 때에는 실험을 반복하고 플라스크의 잔량이 5㎖가 되었을 때에는 가열을 조절해 3~5분으로 하도록 한다.

7) 증류가 끝났을 때 받은 그릇의 유출 기름의 양이 2분 이상 걸려도 증가가 없을 때 이를 전유출량으로 기록한다.
8) 가열을 그쳐도 냉각관으로부터 받는 그릇 중으로 유출이 계속될 때에는 2분간마다 받는 그릇 중의 받는 유출량을 기록하고 연속 2회 읽은 값이 일치하도록 읽기를 계속한다. 유출량은 0.5㎖까지 읽어 전유출량으로 기록한다. 전유출량을 100에서 빼고 그 차를 전유출량과 손실량의 합으로 하여 기록하고 실험을 중지한다.
9) 플라스크가 식으면 받는 그릇에 남은 기름을 잘 받아 옮기고 잔량을 0.5㎖까지 정확히 읽고 회수량을 기록한다.
10) 9)의 방법은 플라스크에 남아있는 기름을 0.1㎖ 눈금의 적당한 적은 메스실린더로 측정하여 전유출량과 합하여 전회수량으로 한다.
11) 전유출량과 회수량의 합이 100이 못되는 것은 손실량으로 기록한다.
12) 이 실험을 2회 행하여 초류온도와 종점이 33℃이상 차이가 나지 않아야 한다. 또 유출의 각 온도에 있어서 유출량이 2㎖이상 차이가 있으면 실험을 되풀이해야 한다.

5 관련지식

일정량의 연료를 가열하여 계속적으로 연료 증기를 발생시키면서 대기압 하에서 증발량%와 유출온도 T℃와의 관계를 조사하여 연료의 특성(휘발성)을 조사한다. 자동차 기관의 경우에는 A.S.T.M 10%점이 낮을수록 시동성이 좋아지며, 35~60%점이 가속도에 결정적인 영향을 미치게 된다. A.S.T.M 35~60%점이 너무 높으면 가속성이 나빠진다. 시동이나 가속의 입장에서 보면 휘발성이 클수록 좋은 연료라 할 수 있다.

6 실험결과

유 출 량 (%)	초류	5	10	15	20	25	30	35	40	45	50
1 차 유출온도 (℃)											
2 차 유출온도 (℃)											
3 차 유출온도 (℃)											

유 출 량 (%)	55	60	65	70	75	80	85	90	95		종점
1 차 유출온도 (℃)											
2 차 유출온도 (℃)											
3 차 유출온도 (℃)											

구분	초류점 도달시간	전 유출량(㎖)	회수량(㎖)	손실량(㎖)
1차	분 초			
2차	분 초			
3차	분 초			

5. 발열량 측정

1 실험목적

액체 및 고체 연료의 발열량의 측정

2 실험장치

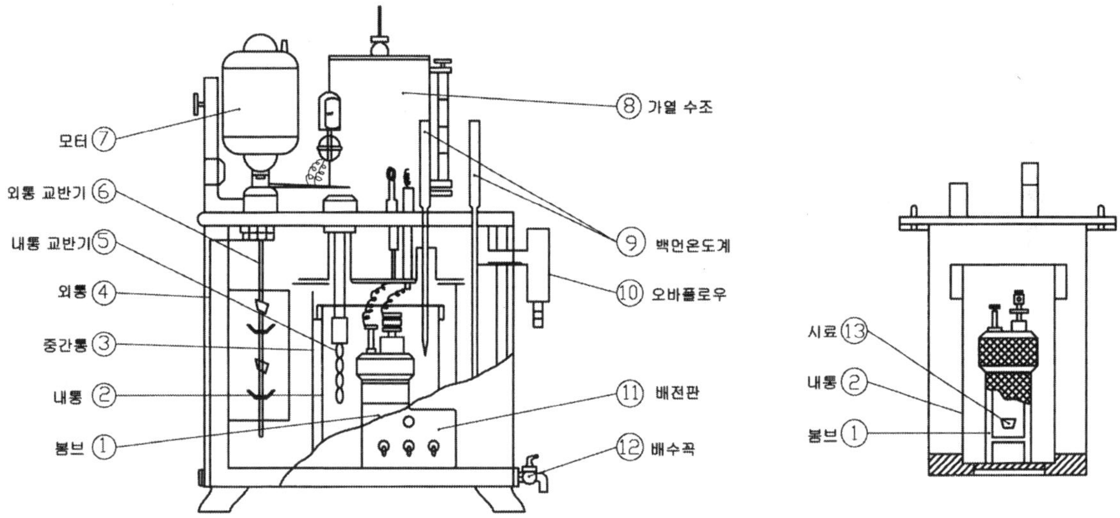

3 실험준비

1) 시료 (휘발유 0.5g)
2) 열량계 (열연식 B-type)
3) 안식향산
4) Backman 온도계
5) 점화선 (Ni선)
6) 산소와 산소 게이지
7) 수은 온도계
8) 안피지
9) 천칭
10) 시료 건조기
11) 비이커와 큰 수조

4 실험방법

1) 시료 0.5g을 bomb에 넣고 0^2를 20~25kg/cm^2 정도 charge
2) 내통에 물 2100cc를 넣음.
3) Backman 온도계의 조정
4) 상승 온도의 측정

5 Backman 온도계의 사용요령

1) Backman 온도계는 온도차를 측정하는 시차 온도계이다.
2) 이 온도계는 사용하지 않을 때는 항상 바로 세워두고 수은은 상부 우측 U관에 있도록 주의한다.
3) 이 온도계는 모세관이 파손되기 쉬움으로 각별히 조심해서 모세관이 파손되지 않게 한다.
4) 기점 온도의 결정방법
   ① 하부 수은사와 상부 수은을 접속되게 한다. 온도계를 거꾸로 세우고 가볍게 충격을 주면 상부 수은사의 수은은 흘러 내려가서 이어지게 되며 이때 곧바로 세운다.
   ② 소요의 기준 온도+7℃의 수온통을 준비한다.(보통 온도계를 사용 측정한다.)
   ③ 상기의 수온통에 Backman 온도계의 수은부를 담그고 1~2분 가량 둔다.
   ④ Backman 온도계를 빨리 꺼내어 거꾸로 세우고 온도계를 쥔 손등을 다른 손으로 처서 가벼운 충격을 주면 수은사가 끊어지게 된다. 이 때 온도계를 바로 세운다.
   ⑤ 소요의 온도에 가까운 다른 물통에 수은 온도계와 Backman 온도계를 나란히 세우고 기점 온도를 검사한다.
   ⑥ 다소의 수은사의 부족에 상부 수은 단사를 만들어 접촉시키면서 조정한다.

6 관련이론

1) 발열량

연료의 단위량(고체 및 액체연료에서는 1kg, 기체 연료에서는 1Nm^3 또는 1kg) 이 완전히 연소할 때에 발생한 열량(kcal)을 발열량(calorific)이라

한다.

(1) 저위발열량

연료에 수소나 수분이 포함되어 있으면, 프레임(flame) 속에서 수소는 산소와 화합해서 수분을 발생한다. 이 수분은 연료 중에 함유되어 있는 수분과 함께 연소가스가 200~300℃ 일 때 수증기로 되어 대기 중에 배출된다. 그러므로, 그 몫 만큼의 실제의 발열량은 감소한다. 이 감소한 발열량을 뺀 나머지의 발열량을 저위발열량이라 한다.

$$H_l = 8,100C + 28,600(H - O/8) + 2,500S - 600(9 \times O/8 + W)$$
$$= 8,100C + 28,600H - 4,250O + 2,500S - 600W \text{ (kcal/kg-연료)}$$

여기서, 9×O/8는 전체 수소에서 연료 속에 함유되어 있는 산소에 의해 못쓰게 된 수소 값에 의해 생성되는 물의 양이라고 한다.

또, 저위발열량과 고위발열량의 차이는 물의 잠열 600(9h+w)의 차이므로

$$H_l = H_h - 600(9h+W) \text{ (kcal/kg-연료)}$$

여기서, h : 수소 (kg)

w : 수분 (kg)

(2) 고위발열량

연소가스가 실내온도까지 저하되어 프레임(flame) 속의 수증기가 물로 될때 증발열을 방출 하는 경우의 발열량으로, 저위발열량에 수소나 물의 잠열을 포함시킨 열량을 고위 발열량이 라고 한다.

$$H_h = 8,100C + 34,000(H-O/8) + 2,500S \text{ (kcal/kg-연료)}$$

$$H_h = H_l + 600(9h+W) \text{ (kcal/kg-연료)}$$

2) 고체, 액체 연료의 발열량 계산

(1) 탄소(C)의 연소

- $C + O_2 = CO_2 + 97,200$kcal/kmol

(탄소1kg이 완전 연소할 때 발열량 97,200/12=8,100kcal/kg-탄소)

- $C + \frac{1}{2}O_2 = CO + 29,200$kcal/kmol

(탄소 1kg이 불완전 연소할 때 발열량 29,200/12=2,433.33kcal/kg-탄소)

(2) 수소(H_2)의 연소

- $H_2 + \frac{1}{2}O_2 = H_2O$(증기) + 57,200 kcal/kmol

(수소 1kg이 증기로 연소할 때 발열량 57,200/2 = 28,600 kcal/kg-수소)

- $H_2 + \frac{1}{2}O_2 = H_2O$(물) + 68,000 kcal/kmol

(수소 1kg이 물로 연소할 때 발열량 68,000/2 = 34,000 kcal/kg-수소)

(3) 황(S)의 연소

- $S + O_2 = SO_2$ + 80,000 kcal/kmol

(황 1kg이 연소할 때 발열량 80,000/32 = 2,500 kcal/kg-황)

3) 기체연료의 발열량 계산

고체 및 액체 연료에 비하여 이 연료는 단체로서 원소로만 존재하기 어려우며 일산화탄소(CO), 수소(H_2), 각종 탄화수소(C_mH_n) 및 황화수소(H_2S) 등으로 구성된다. 이러한 가연성분에 대한 반응식을 이용하여 각종 계산을 할 수 있다.

(1) $H_2 + \frac{1}{2}O_2 = H_2O$(기체) + 3,020 (kcal/$Nm^3$) - 수소

(2) $CO + \frac{1}{2}O_2 = CO_2$(기체) + 3,050 (kcal/$Nm^3$) - 일산화탄소

(3) $CH_4 + 2O_2 = CO_2 + 2H_2O$(기체) + 9,530 (kcal/$Nm^3$) - 메탄

(4) $2C_2H_2 + 5O_2 = 4CO_2 + 2H_2O$(기체) + 14,080 (kcal/$Nm^3$) - 아세틸렌

(5) $C_2H_4 + 3O_2 = 2CO_2 + 2H_2O$(기체) + 15,280 (kcal/$Nm^3$) - 에틸렌

(6) $2C_2H_6 + 7O_2 = 4CO_2 + 6H_2O$(기체) + 16,810 (kcal/$Nm^3$) - 에탄

(7) $2C_3H_6\ 9O_2 = 6CO_2 + 6H_2O$(기체) + 22,540 (kcal/$Nm^3$) - 프로필렌

(8) $C_3H_8 + 5O_2 = 3CO_2 + 4H_2O$(기체) + 24,370 (kcal/$Nm^3$) - 프로판

(9) $C_4H_8 + 6O_2 = 4CO_2 + 4H_2O$(기체) + 29,170 (kcal/$Nm^3$) - 부틸렌

(10) $2C_4H_{10} + 13O_2 = 8CO_2 + 10H_2O$(기체) + 32,010 (kcal/$Nm^3$) - 부탄

기체연료에서는 가연가스 함유량이 밝혀지면 각각의 발열량을 사용해서 다음과 같이 계산된다.

$$H_h = 3020CO + 3050CH_2 + 9520CH_4 + 16850C_2H_6 + 15290C_2H_4 + 24160C_3H_8 + 31790C_4H_{10} \ (kcal/Nm^3)$$

여기서, CO, H_2, CH_4, C_2H_6, C_2H_4, C_3H_8, C_4H_{10} 은 건조 연료가스 1Nm^3중에 함유된 각각의 체적(Nm^3)으로서 각각 분석에 의해서 구하여 진다.

4) 각 연료종류별 발열량

(1) 액체연료

종 류	인화점 (℃)	비중(kg/l)	저위발열량	
			kcal/kg	kcal/l
백 등 유	50	0.79	11.060	8,730
다 등 유	50	0.79	11,060	8,730
경 유	75	0.83	11,000	9,140
A 중 유	83	0.86	10,840	9,240
B 중 유	88	0.91	10,500	9,560
C 중 유	125	0.94	10,340	9,730

(2) 기체연료

종 류		비 중	고위발열량	저위발열량
도시가스	6 C	0.54	4,500	4,050
	6 B	0.61	5,000	4,500
L N G	13 A	0.65	11,000	9,900
	−	0.56	9,700	8,740
L P G	프 로 판	1.55	24,300	
	부 탄	2.1	32,000	

7 실험결과

시 간	기점온도	1 분	2 분	3 분	4 분	5 분
측정온도						
상승온도						

시 간	6 분	7 분	8 분	9 분	10 분	11 분
측정온도						
상승온도						

$$\text{발열량[cal/g]} = \frac{\{(\text{수당량[g]}+\text{내통수량[g]})\times\text{상승온도[℃]}-\text{발열보정}\}}{\text{시료량 [g]}}$$

수 당 량 : 584.5

내통수량 : 2100

발열보정 : 6

6. 압력 및 수두손실 측정

6-1. 정압측정

1 실험목적

유체의 압력(정압)을 알기 위해서는 압력 게이지를 설치하거나 액주계(nanometer)을 사용하여 압력을 측정한다. 압력을 구분하면 계기압, 진공압, 대기압, 절대압력이 있으며 이들 압력의 상관관계를 이해시킨다.

2 실험준비

(1) 1m 철자
(2) 액주계(물 또는 수은 piezometer)
(3) 압력 게이지(계기압 또는 진공 계기압)
(4) 온도계

3 실험 관계식

(1) 압력의 정의

$$P = \frac{F}{A}$$

P : 압력(Pa)
F : 힘(N)
A : 단면적(m^2)

(2) 유체내 임의점의 압력

$$P = \gamma \cdot h$$

γ : 액체비중량(N/m^3)
h : 액체 수두(m)

(3) 상관관계

절대압 = 국소대기압 + 계기압
　　　 = 국소대기압 - 진공계기압

(4)펌프의 압력과 펌프 양정(E_P)

유체의 에너지식

$$E_p + \frac{P_1}{\gamma} + \frac{V_1^2}{2g} + Z_1 = \frac{P_2}{\gamma} + \frac{V_2^2}{2g} + Z_2$$

$$\therefore E_p = \frac{(P_2 - P_1)}{\gamma} + \frac{(V_2^2 - V_1^2)}{2g} + (Z_2 - Z_1)$$

E_P : 펌프 양정 (mAq)
P_1 : 펌프 흡입구 게이지 압력(Pa)
P_2 : 펌프 토출구 게이지 압력(Pa)
V_1 : 펌프내 유체 유입 속도(m/s)
V_2 : 펌프내 유체 유출 속도(m/s)
　(연속방정식에 의해 : V_1 = V_2)
Z_1 : 펌프 흡입구 압력 게이지 위치(m)
Z_2 : 펌프 토출구 압력 게이지 위치(m)

4 실험방법

(1) 물탱크 바닥의 압력을 측정하기 의해 밑바닥에 설치된 액주계로부터 물의 수면까지 높이를 철자로써 측정한다.
(2) 펌프 양정을 구하기 위해 펌프의 흡입구과 토출구의 압력 게이지의 압력을 기록한다.
(3) 파이프의 압력을 알기위해 파이프에 설치된 압력 게이지의 압력을 기록한다.
(4) 펌프의 흡입구와 토출구의 압력 게이지 위치차를 측정한다.
(5) 유체의 온도를 측정하여 비중량을 구한다.

6-2. 시차 압력측정

1 실험목적

파이프 라인 안에 설치된 파이프, 밸브, 벤튜리미터(Venturimeter) 및 각종 부차적 손실 부분의 입구와 출구 압력차를 측정하여(정압측정) 각 부분의 수두손실을 알고자 한다. 압력차가 너무 클 때(1mAq 이상)는 비중량이 큰 수은(Hg) 시차액주계를 이용한다.

2 실험장치

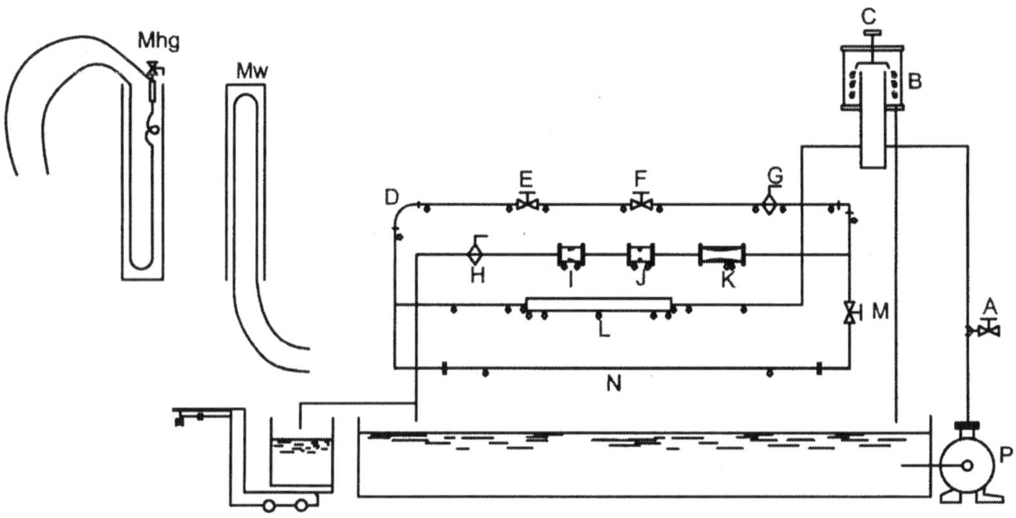

3 실험준비

(1) water manometer
(2) mercury manometer
(3) 온도계
(4) 확대경

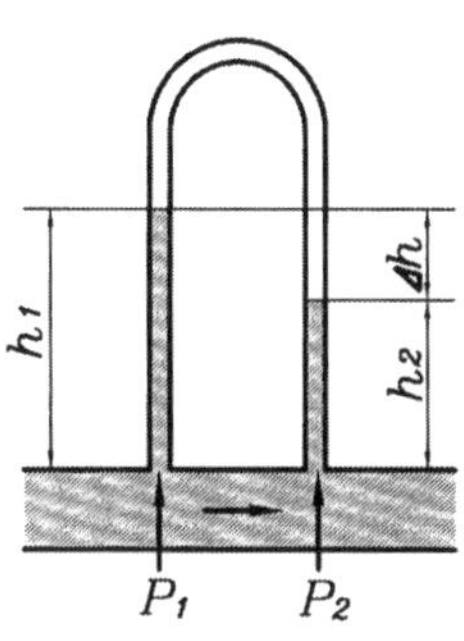

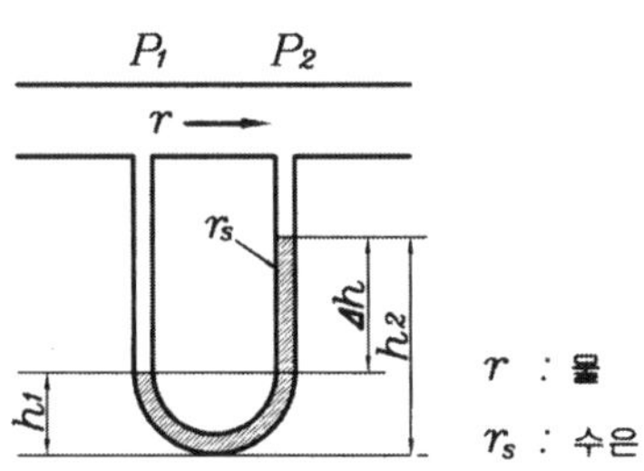

4 실험관계식

(1) water manometer

$$P_1 - P_2 = \gamma\ (h_1 - h_2)$$
$$\Delta P = \gamma \bullet \Delta h\ (kg/cm^2)$$

(2) mercury manometer

$$\Delta P = P_1 - P_2 = \Delta h\ (\gamma_s - \gamma)$$
$$= \Delta h\ (s \times \frac{1000}{9800} - \gamma)\quad [Pa]$$

γ : 물 비중량
γ_s : 수은 비중량
s : 수은 비중

5 실험방법

① delivery valve A를 닫고 펌프를 시동한 후 천천히 밸브 A를 연다

② over flow tank B에 급수하여 over flow를 확인하고, 가압핸들 C를 사용하여 적정압력으로 통수 한다. 밸브 E, F, G, M을 열고, cock H를 조금 막고 측정압력 취출구에 접속하는 비닐 튜브에 연결한다. 이때 사용하지 않는 취출구 마개는 모두 막아야 한다.

③ 실험하고자 하는 곳의 비닐 튜브를 액주계(마노미터, manometer)에 연결할 때 비닐 튜브 안에 공기가 들어 있지 않도록 물을 나오게 한 후 cock를 닫고, 액주계에 연결한 후 마개를 천천히 연다. 한쪽을 연결하여 ∩관 마노미터의 상부 정점에 도달할 때 까지 물을 올린후 마개를 잠근다

④ 나머지 한쪽의 비닐튜브를 액주개에 연결할 때 비닐튜브 안에 공기가 들어 있지 않도록 물을 나오게 한 후 마개를 닫고, 마노미터에 연결한 후 마개를 천천히 연다. ③에서 잠근 마개를 천천히 연다. 30초 정도 시간이 경과하여 액주계의 눈금 변화가 일정 할 때 압력차를 측정한다.

⑤ 유량을 변화시킨 후 다시 측정 할 경우에는 30초 정도 시간이 경과하여 액주계의 눈금 변화가 일정 할 때 압력차를 측정한다.

⑥ 눈금은 water manometer인 경우 오목 부분을 기준하고 mercury manometer인 경우 볼록 부분을 기준으로 읽는다.

⑦ 압력차가 클 때는(20mAq 이상) U-tube(수은)을 사용하고 defencer는 물로 채운다.

⑧ 수은이 U자관에서 분출되지 않도록 pinch cock을 조금씩 열어서 압력이 전달되도록 한다.

수 은 의 비 중

0℃	13.5951	20℃	13.5459
10℃	13.5705	25℃	13.5336
15℃	13.5582	30℃	13.5214

6-3. 각종 수두손실 측정

A. 긴 Pipe

1 실험목적

Pipe line을 구성하고 있는 곧고 긴 pipe에서 유량의 변화에 따른 수두손실을 측정하여 관마찰 손실계수를 구한다.

2 실험장치

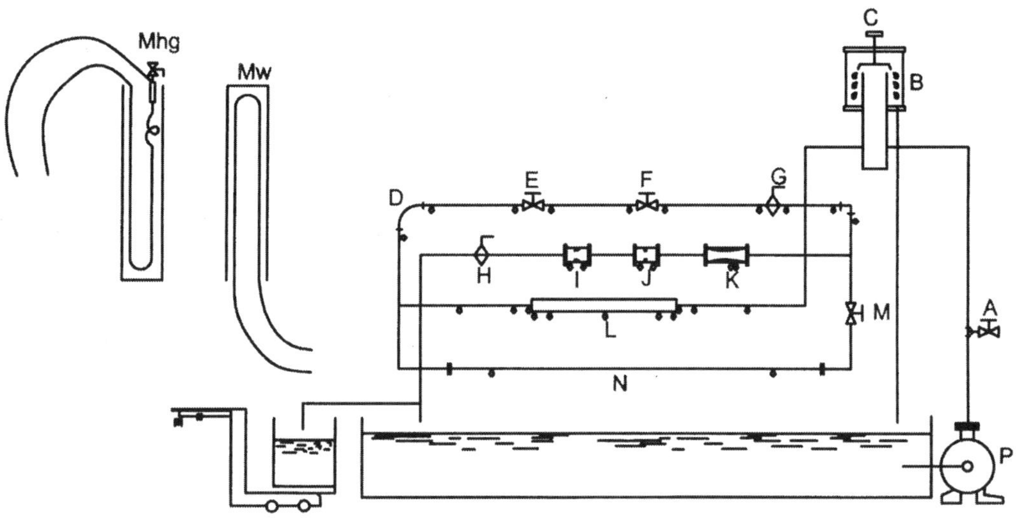

3 실험준비

(1) 실험장치
(2) water 및 mercury manometer
(3) 온도계 및 확대경
(4) 유량곡선[centuri 유량곡선도표(⊿H-Q)]준비: 부표 1

4 실험관계식

(1)Weisbach-Darcy식에 의하여

$$H_L = 1\lambda \cdot \frac{l}{d} \cdot \frac{V^2}{2g} \qquad \cdots\cdots ①$$

베르누이 방정식에 의해

$$\frac{V_1^2}{2g} + \frac{P_1}{r} = \frac{V_2^2}{2g} + \frac{P_2}{r} + H_L \qquad \cdots\cdots ②$$

연속방정식에 의해 파이프 지름이 $d_1 = d_2$ 이므로 속도 $V_1 = V_2$가 된다. 따라서 ②식은 다음과 같이 된다.

$$\therefore H_L = \frac{P_1}{r} - \frac{P_2}{r} = \frac{1}{r}(P_1 - P_2) = \frac{1}{r}(rh_1 - rh_2)$$
$$= h_1 - h_2 = \Delta h$$

$H_L = \Delta h$: 손실수두(m)
l : 파이프 길이(1m)
d : 파이프 지름(27.6mm, 21.6mm, 16.1mm)
λ : 관 마찰계수
$V = \frac{Q}{A}$: 파이프 내의 평균속도(m/s)
g : 중력가속도($980cm/s^2$)
Q : 실제 유량(cm^3/s)
A : 파이프 단면적(cm^2)

(2)레이놀즈수(Reynolds number)

$$R_e = \frac{V \cdot d}{\nu}$$

ν : 물의 동점성계수(cm^2/s)

물의 비중량 (γ) (N/m^3)

0℃	9805	10℃	9803	20℃	9789
5℃	9806	15℃	9798	30℃	9767

5 실험방법

① delivery valve A를 닫고 펌프를 시동한다. 밸브 A를 열어 over flow tank로부터 over flow 함으로써 물은 pipe line을 통과하여 흐른다. 밸브 E, F, G를 잠그고 M을 열어서 직관 N으로 물이 흐르게 하고, 압력 조절핸들 C를 조작하여 적정 압력이 되게 한다.

② 측정하려는 파이프 입구와 출구부의 압력 tap에 비닐 튜브로써 물 액주계나 수은 액주계(압력이 높을 때 사용)로 연결하여 압력차를 측정한다. 이때 pin cock를 이용하여 비닐튜브 안의 공기를 빼낸다.

③ 유량은 venturi meter 또는 oriffice manomter로써 압력차(ΔH)를 측정하여 미리 만들어 놓은 ΔH - Q 도표를 이용하여 실제 유량을 얻는다.

④ 유량이 적을 때는 cock H를 조정하며, 유량이 많을 때는 공급 밸브 A와 가압용 핸들을 이용하여 over flow를 조정한다.

B. 각종 Valve (sluice, glove, cock), Bending Pipe 및 Elbow

1 실험목적

pipe line 구성 중에서 긴 pipe를 제외한 부차적 손실을 야기키는 각종 밸브류(sluice, glove, cock) 및 elbow 등에서 유량의 변화에 따르는 수두손실을 측정하여 부차적 손실계수를 구한다.

2 실험관계식

부차적 손실월 일반식에서

$$H_L = k\frac{V^2}{2g} = \Delta h$$

H_L : 손실수두(m)
Δh : 액주계 손실측정수두(m)
V : 평균속도(m/s)
g : 중력가속도(980cm/s^2)
k : 부차적 손실계수

[3] 실험방법

① delivery valve A를 닫고 펌프를 시동한다. 밸브 A를 열어 over flow tank로부터 over flow 함으로써 물은 pipe line을 통과하여 흐른다. 밸브 M을 잠그고 E, F, G를 열어서 실험하고자 하는 요소로 물이 흐르게 하고, 압력 조절핸들 C를 조작하여 적정 압력이 되게 한다.
② 밸브가 완전 개방상태에서 시작하여 점차 닫히는 상태로 실험한다.
③ 실험하지 않는 밸브는 모두 완전히 열어야 한다.

C. 급 확 대 (sudden expansion)

[1] 실험목적

물이 갑자기 작은 지름에서 큰 지름의 관으로 유동할 때 와류와 박리로 인하여 큰 에너지손실이 발생한다. 이러한 유량 변화에 따른 이 부분의 수두손실를 측정하여 손실계수를 구한다.

[2] 실험장치

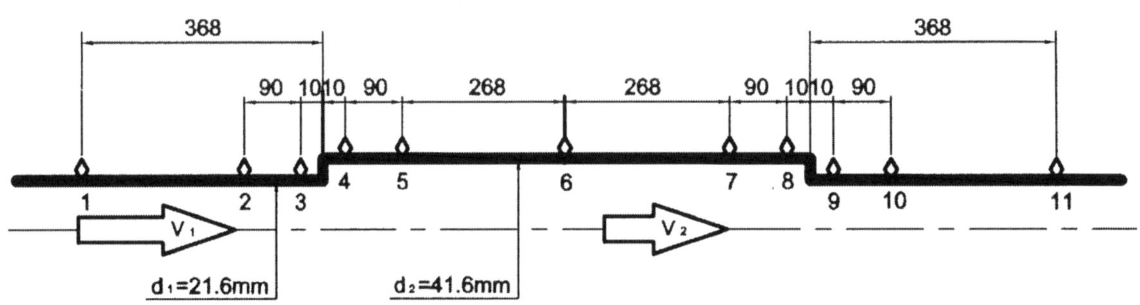

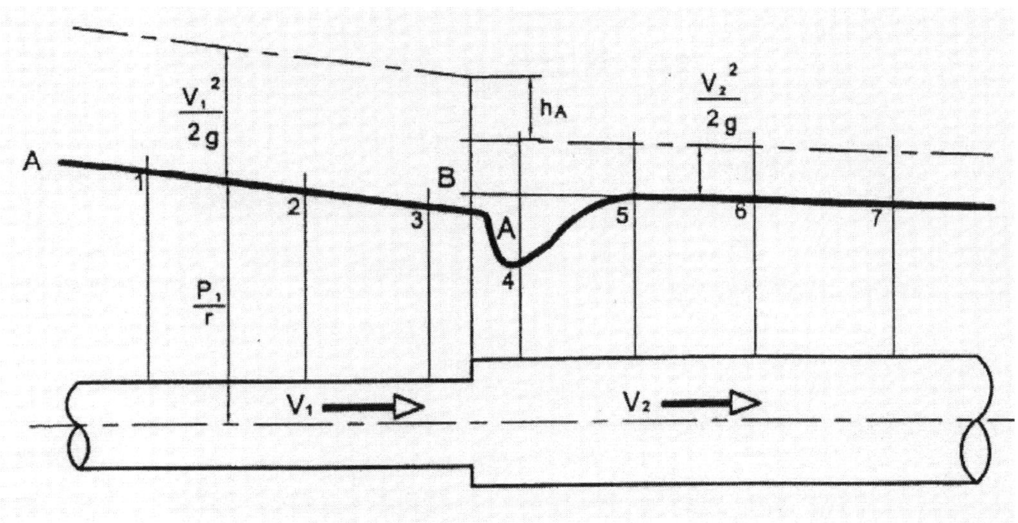

3 실험관계식

(1) Borda- Camo's식에 의하여

$$H_{AE} = k\frac{(V_1 - V_2)^2}{2g} \quad \cdots\cdots ①$$

k : 손실수두
V_1 : 작은 관에서의 평균유속(cm/s)
V_2 : 큰 관에서의 평균유속(cm/s)
H_{AE}: 에너지 손실수두차(mAq) = h_{AE}
Q : 실제 유량(cm^3/s)

(2) 연속방정식에 의해

$$Q = A_1 V_1 = A_2 V_2 \quad \cdots\cdots ②$$

A_1, A_2 : 작은 관, 큰 관에서 단면적
d_1 = 2.76 cm, d_2 = 5.29 cm

(3) 베르누이 방정식에 의해

$$\frac{V_1^2}{2g}+\frac{P_1}{\gamma}=\frac{V_2^2}{2g}+\frac{P_2}{\gamma}+h_{AE}$$

$$\therefore h_{AE}=\frac{P_1-P_2}{\gamma}=\frac{V_1^2-V_2^2}{2g} \quad \cdots\cdots ①$$

$$\text{속도 } V_1=\frac{Q}{\frac{\pi}{4}d_1^2},\quad V_2=\frac{Q}{\frac{\pi}{4}d_2^2} \quad \cdots\cdots ②$$

(4) Borda-Carmot's에 따라서

$$\frac{A_2}{A_2} \fallingdotseq 11\text{일때 } k=1.04$$

$$\frac{A_2}{A_1} \fallingdotseq 2.25\text{일때 } k=0.95$$

4 실험방법

① 실험 장치에서 밸브 E를 잠그고 밸브 M을 열어서 실험하고자 하는 급 확대 축소에 통수한다.

② 중간 중간에 연결된 액주계(manometer)에 의해서 지시된 급확대 부분의 정압은 아래의 그림과 같다.

③ 각각 이웃 지점들 (1~2, 1~3, …… 1~11) 사이의 수두차를 측정하여 횡축에 압력차를 측정하여 횡축에 압력탭 위치, 종축에 각각 한 점에 의한 수두손실을 취하여 도표화 한다.

에너지선 A-A와 B-B를 그리고, 그 위에 속도수두를 더하여 h_A를 구한다.

④ 측정은 유동상태가 충분히 안정된 상태에서 한다.

D. 급 축 소 (sudden contraction)

1 실험목적

물이 갑자기 큰 지름에서 작은 지름의 관으로 유동할 때 수축부에서 수축부에서 수축에 의한 충돌 및 와류손실이 발행한다. 일반적으로 급확대 손실과 비교할 때 작다. 유량 변화에 따른 이 부분의 수두손실을 측정하여 손실계수를 구한다.

2 실험장치 및 준비

급확대와 같음

3 실험관계식

Weisbach's 식에 의하여

$$h_{AC} = k\frac{V_1^2}{2g}$$

k : 손실계수
V_1 : 작은 관에서의 평균유속(cm/s)

Weisbach's는 다음과 같이 단면의 급축소 비율에 대하여 손실계수의 실험값을 보고했다.

단면적비	0.1	0.3	0.5	0.7	0.9
k	0.41	0.34	0.24	0.14	0.036

4 실험방법

급확대 손실 실험과 같다.

6-1 관로마찰시험장치

(Pipe Friction Test Apparatus)

1 개요

본 장치는 관로내에 흐르는 유체의 제현상을 다관마노메타에 의해 측정하여 일목요연하게 실험할 수 있도록 설계제작 되었다. 본 장치의 구조는 저수조의 물을 펌프로서 고수조에 올린 다음, 그 유량을 관내에 흐르게 하여 관마찰실험, 벤츄리, 노즐, 오리피스를 통한 유량의 측정실험 직관과 곡관 및 급확대, 축소관에서의 압력손실실험 등을 측정하여 연속방정식 베르누이 방정식, 달시-바이스바흐식의 이해를 쉽게 할 수 있도록 되어있다.

2 사양

-. 전체크기 : 3,500 (W) x 700 (D) x 2,000 (H) mm

-. 저 수 조
- 재 질 : STS 304
- 용 량 : 130 liters

-. 고 수 조
- 재질 : 투명아크릴 15t
- 용량 : 27 liters

-. 위 어
- 재질 : 투명 아크릴
- 형식 : 월류형 200 mm

-. 펌 프 : 0.6 Kw , 220 V , ø1, LG윌로우펌프 PU600

-. 유 량 계
- 유량 : 150 Liter/min
- 범위 : 15 - 150 liter/min
- 타입 : 면적식

-. 관 수 로
- 재질 : STS304 Pipe ($\varepsilon = 0.045mm$)
- 종류 : Nom. 15A x 1 line 스케쥴10용 파이프 (내경17.5ϕ)
  Nom. 20A x 1 line 스케쥴10 용 파이프 (내경23ϕ)
  Nom. 25A x 1 line 스케쥴20 용 파이프 (내경 28ϕ)
- 유량측정장치 : 벤츄리메타 28ϕ * 14ϕ

노즐 23ϕ * 14.5ϕ
오리피스 17.5ϕ * 9.6ϕ
위어

- 급축소관 : 재질 -아크릴 및 SUS 28ϕ * 14ϕ , 37.1ϕ * 17.5ϕ
- 다관마노메타 : ø8mm glass tube(27 tubes), 1200mm
- 수은 마노메타 : 1000 mmHg, "U" type
- 밸 브 : $1\frac{1}{2}$"(2ea), $1\frac{1}{4}$"(4ea), 1"(1ea), $\frac{3}{4}$"(2ea)

-. MEASURING PIPE 의 내경 *

- Pipe : 15A 내경 17.5ϕ * 1600mm
  20A 내경 23ϕ * 1600mm
  25A 내경 28ϕ * 1200mm
- Venturi Meter : 28 - 14mm
- Nozzle : 23ϕ * 14.5ϕ
- Orifice : 17.5ϕ * 9.6ϕø 10mm
- Sudden Enlarge Pipe : 28ϕ * 14ϕ , 37.1ϕ * 17.5ϕ

3 사용방법

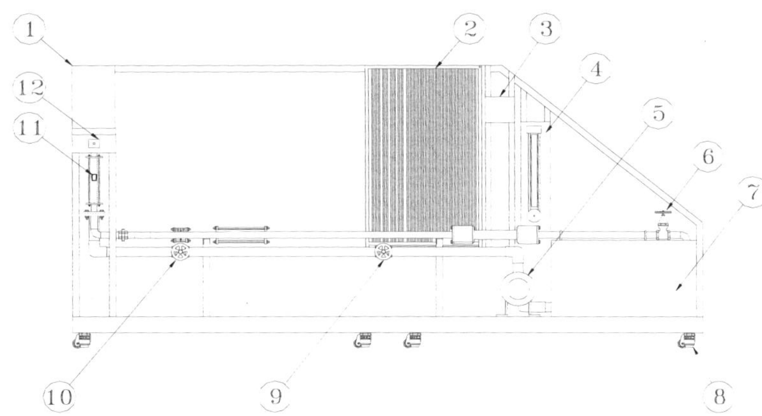

[그림 1] 전 체 도

1) ⑦의 저수조에 깨끗한 물을 4/5 정도 채운다음 모든 밸브를 완전히 열어 놓는다.
2) ⑫의 전원 콘센트를 220V에 연결하고 펌프기동스위치를 ON 한다.

3) 고수조에 물이 차기 시작하면 ⑫의 유량계의 눈금을 확인한 다음 원하는 유량이 될 때까지 ⑨의 유량조절밸브로써 유량을 조절한다.
펌프에 무리를 주지 않는 유량조건으로는 120~150 ℓ/min 정도가 알맞다.
4) 전체 배관에 대해서 실험을 할 경우 각 배관라인의 ⑥의 밸브로써 유량을 조절한 후 실험을 한다.
유량을 조절할 때에는 벤츄리, 노즐, 오리피스, 급확대에 공기가 차는지, 압력공으로 공기가 유입되는지를 육안으로 확인한 다음 밸브를 서서히 잠그면 이러한 현상이 점차 줄어드는데 완전히 없어질 때까지 조절한다.
5) 각 관로중 한가지의 관로에 대해서 실험을 할 경우 나머지 관로의 ⑥의 조절밸브를 완전히 잠그면 된다.
6) ②의 다관마노메타에 수두가 형성되기 시작하면 각 관로의 압력공으로 공기가 일부 빨려 올라 오는데 이는 일시적인 현상이며 각 관로내에 흐르는 물이 안정이 되면 이러한 현상은 없어진다.
7) 각 라인의 유량측정 장치와 관마찰손실수두를 다관마노메타 에 의하여 구하고 면적식 유량계와 비교하여 DATA를 작성한다.
8) 온도계로 수온을 측정한다.
9) 실험이 끝나면 전원 S/W를 OFF하고 저수조 및 모든 라인을 깨끗이 청소한다.
10) 다관마노메타는 유리관이므로 취급에 주의를 요한다.

◀ 주의사항 ▶

1) 펌프 기동전 ⑩의 밸브를 잠그게 되면 ③의 마노메터내의 수은이 흘러 넘치게 되므로 밸브를 완전히 개방한 후 펌프를 기동한다. 만약 넘치게 되면 압력 튜브 안에 존재하게 되므로 밸브 쪽의 연결구에서 튜브를 뺀 다음 마노메터보다 높게 들어올려 마노메터 안에 다시 흘러 들게하면 된다.
2) 동절기에는 동파의 위험이 있으므로 반드시⑪의 유량계 안의 물을 빼주어야 하며 ⑤의 펌프의 배수마개를 열어 펌프내의 물도 완전히 빼주어야 한다.

4 유량측정실험

여러 가지 유체 역학 실험을 하는데 있어서 유량검정이 가장 필수적이며, 우선적으로 해야 하는 작업이다. 유체의 유량검정에는 상품화되어 있는 Hot Wire, Hot Film, Laser Doppler등 많은 최신 계측기구들을 사용하여 여러 조건하에서 유속이나 유량을 측정하는 간편한 방법들이 있다.
그러나, 이러한 유량계를 사용하는 경우, 유량계 자체의 오차가 크고 경제적인 문제로 인해 대부분의 경우에는 Venturi meter. Nozzle, Orifice등의 기구를 사용하여 유체의 속도와 유량을 측정하고 있다.

가) VENTURI METER
나) NOZZLE
다) ORIFICE
라) WEIR
마) 부유식 유량계

4.1 이론적 해석 *

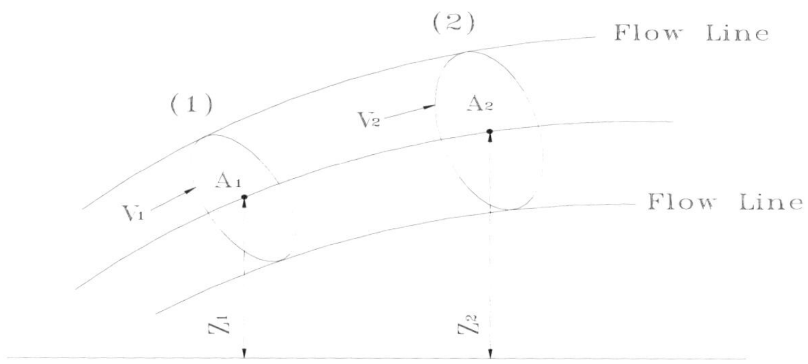

[그림 2] 단면적이 변하는 임의의 관로

유체가 관로를 따라 흐를 때 관의 단면적이 변화하게 되면 관의 단면적 변화에 대응하는 유체의 압력변화가 생긴다. 이러한 압력 변화를 이용한 유량계를 압력차 유량계라 하며, Orifice meter,Ventury meter, Nozzle등이 이에 속한다.
비압축성 유체가 그림 1과 같이 단면적이 축소하는 관로를 따라 흐를 때, 단면적이 각각 A1, A2 인 지점 1,2에 베르누이 방정식과 연속방정식을 적용하면,

$$\frac{P_1}{\gamma} + V_1^2 + z_1 = \frac{P_2}{\gamma} + V_2^2 + z_2 \qquad \text{-------------------------- (1)}$$

$$A_1 V_1 = A_2 V_2 = Q \qquad \text{-- (2)}$$

와 같은 관계가 성립한다.

우선 유로에서의 에너지손실을 무시하면 유량 Q는 식(1),(2)로부터

$$Q = \frac{A_2}{\sqrt{1 - \frac{A_2}{A_1}}} \cdot \sqrt{2g(\frac{p_1 - p_2}{\gamma} + z_1 - z_2)} \qquad \text{----------------- (3)}$$

과 같이 된다.

그러나 실제 유동에 있어서는 관마찰에 의한 에너지손실이 수반되므로 실제 유량은, 식 (3)으로 계산한 유량보다 작아져 다음과 같이 보정하여 사용한다 .

$$Q = \frac{C_v A_2}{\sqrt{1 - (\frac{A_2}{A_1})}} \cdot \sqrt{2g(\frac{P_1 - P_2}{\gamma +}) + z_{1+} z_2} \qquad \text{-------------- (4)}$$

4.1.1) VENTURI METER

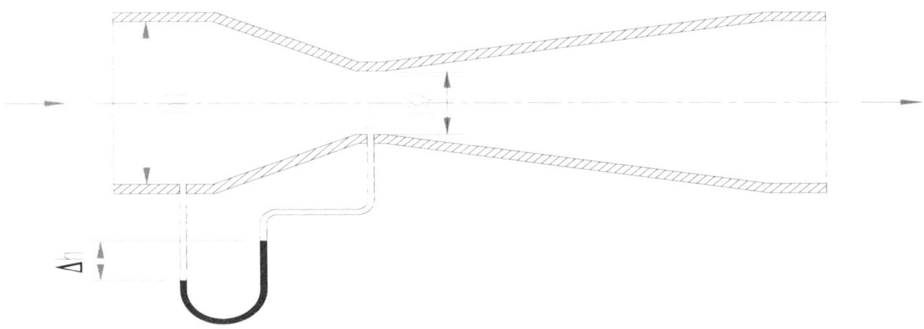

☞

[그림 3] Venturimeter

관계식 유도

1과 2에 대하여 연속방정식과 Bernoulli방정식을 사용하여 Q를 계산한다.

연속방정식

$$Q = A_1 V_1 = A_2 V_2 \tag{1.1}$$

Bernoulli 방정식

$$\frac{P_1}{\gamma} + V_1^{\,2} + z_1 = \frac{P_2}{\gamma} + V_2^{\,2} + z_2 \tag{1.2}$$

$Z_1 = Z_2$, $V_1 = (A_2/A_1)V_2$ 를 식(1.2)에 대입하면

$$\frac{P_1 - P_2}{\gamma} - \frac{[(A_2/A_1)]^2 - V_2^2}{2g} = 0 \tag{1.3}$$

정리하면

$$V_2 = \frac{1}{\sqrt{1-(A_2/A_1)^2}} \sqrt{2g\frac{P_1 - P_2}{\gamma}} \tag{1.4}$$

따라서 유량 Q는

$$Q = \frac{1}{\sqrt{1-(A_2/A_1)^2}} \sqrt{2g\frac{P_1 - P_2}{\gamma}} \tag{1.5}$$

를 얻는다.

$P_1 - P_2$ 를 액주계의 높이 R로 표시하면

$$P_1 + (h+R)\gamma - \gamma_0 R - \gamma h = P_2$$

$$P_1 + \gamma h + \gamma R - \gamma_0 R - \gamma h = P_2$$

$$P_1 - P_2 = (\gamma_0 - \gamma)R \tag{1.6}$$

를 얻는다.

식(1.6)을 식(1.5)에 대입하면

$$Q_{ideal} = \frac{A_2}{\sqrt{1-(A_2/A_1)^2}} \sqrt{2g\frac{\gamma_0 - \gamma}{\gamma} R} \quad \text{------------------- (1.7)}$$

실제유량은 마찰손실, 표면장력 현상으로 인한 감소 때문에 식(1.7)에 유량계수 C_d 를 곱해서 수정보정한다.

$C_v = \frac{Q_{actual}}{Q_{ideal}}$ 이고 $h = \frac{\gamma_0 - \gamma}{\gamma} R$ 이므로

$$Q_{actual} = C_v \frac{A_2}{\sqrt{1-(A_2/A_1)^2}} \sqrt{2gh} \ (m^3/s) \quad \text{---------- (1.8)}$$

여기서 ,

Q : 유량

C_v : 유량계수 (≒0.98)

A_2 : 목의 단면적 (m2)

A_1 : 입구의 단면적(m2)

h : 차압(m)

그리고 벤츄리관의 유량계수는 다음의 표에서 찾는다.

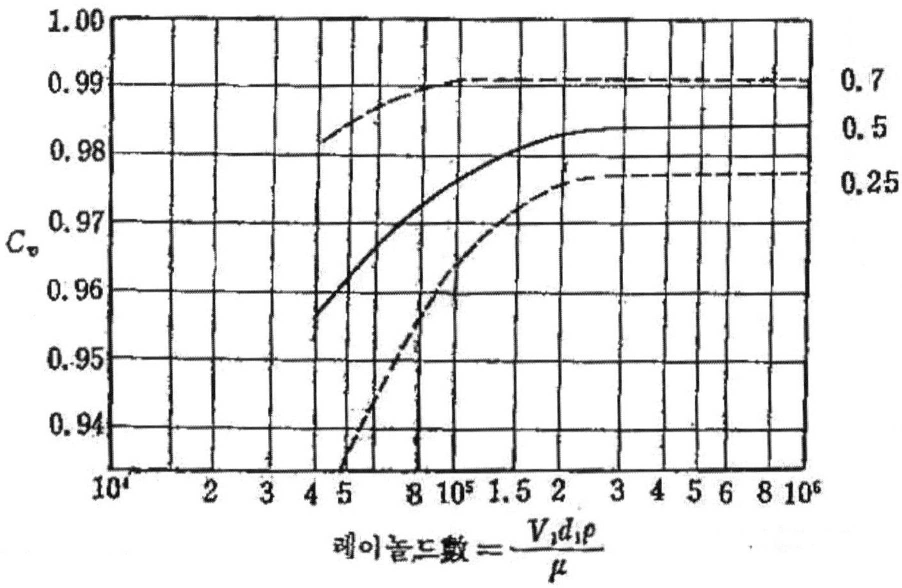

[표 1] 벤츄리관의 유량계수

4.1.2) NOZZLE

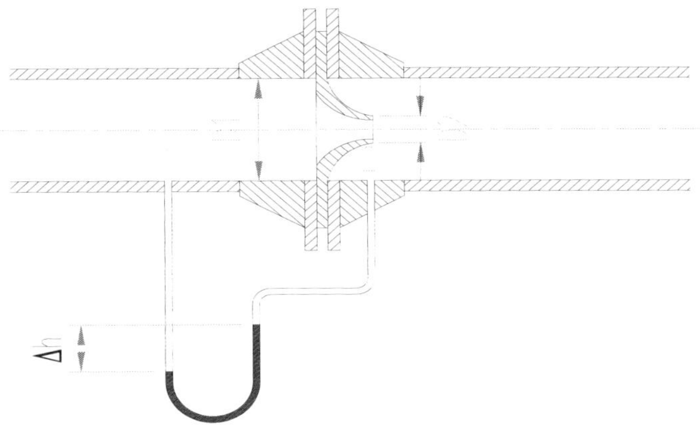

[그림 4] Nozzlemeter

관내의 비압축성 유체 (incompressible fluid)흐름은 Bernoulli 방정식으로 분석되어 진다.

$$\frac{P_1}{\gamma} + \frac{V_1^2}{2g} + Z_1 = \frac{P_2}{\gamma} + \frac{V_2^2}{2g} + Z_2$$

$$\frac{P_1 - P_2}{\gamma} = \frac{V_2^2 - V_1^2}{2g} + (Z_2 - Z_1) \quad \text{------------------------} \quad (2.1)$$

$Q = A_1 V_1 = A_2 V_2,\quad V_1 = \left(\frac{A_2}{A_1}\right) V_2$ 이고 $Z_1 = Z_2$라고 가정하고 식 (2.1)에 대입한다.

$$\frac{P_1 - P_2}{\gamma} = \frac{V_2^2 \frac{(1 - A_2^2)}{A_1^2}}{2g}$$

$$V_2 = \sqrt{2g\left(\frac{(P_1 - P_2)/\gamma}{1 - \frac{A_2^2}{A_1^2}}\right)} \quad \text{--------------------------} (2.2)$$

여기서 $Q = A_2 V_2$ 이므로

$$Q_{actual} = A_2\sqrt{2g\left(\frac{\frac{P_1 - P_2}{\gamma}}{1 - \frac{A_2^2}{A_1^2}}\right)}$$

$$= A_2\left(\frac{1}{1 - \frac{A_2^2}{A_1^2}}\right)\sqrt{2g\frac{P_1 - P_2}{\gamma}} \qquad \text{-------------(2.3)}$$

$$Q_{actual} = CA_2\sqrt{2gh} \qquad \text{----------------------- (2.4)}$$

여기서,

Q : 유량 (m^3/s)

A_2 : 노즐의 단면적 (m^2)

C : 유량계수

h : 차압 (m)

그리고 노즐의 유량계수는 다음의 표에서 찾는다.

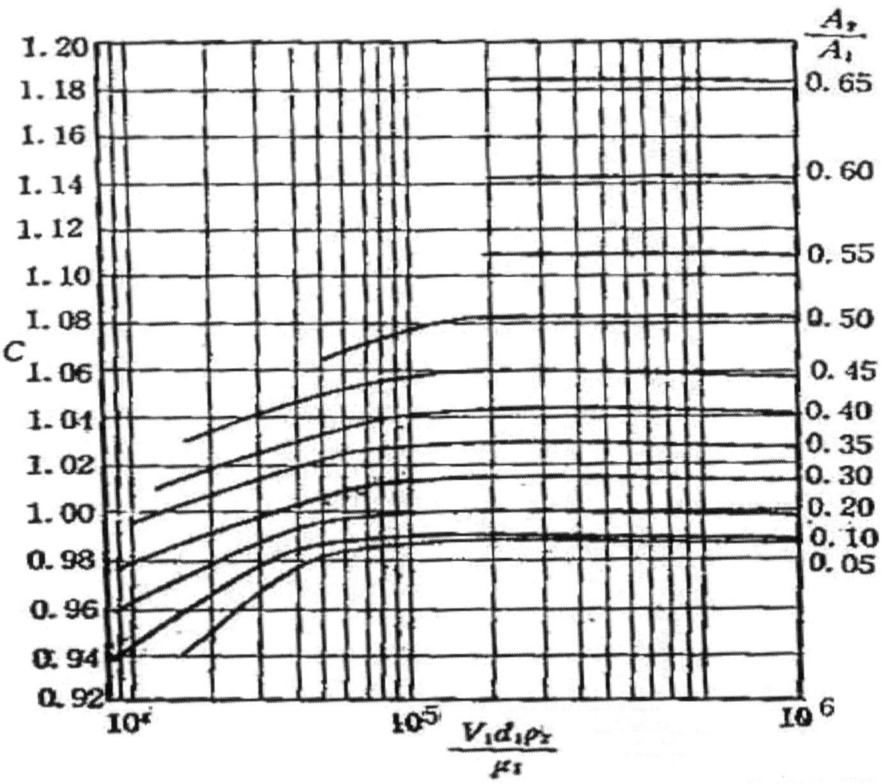

[표 2] 노즐의 유량계수

4.1.3) ORIFICE

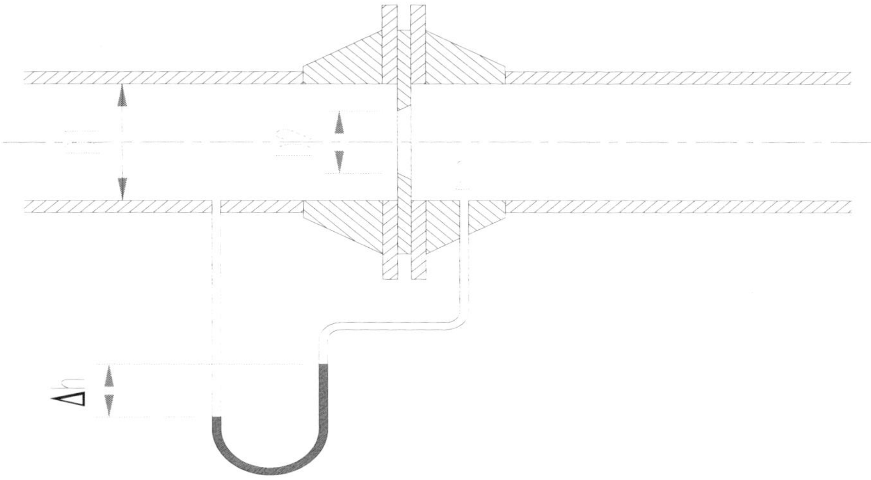

[그림 5] orificemeter

Orifice 내의 유동유체가 비압축성 유체일 경우 베르누이 방정식을 적용하면

$$\frac{V_1^2}{2g}+\frac{P_1}{\gamma}+Z_1 = \frac{V_2^2}{2g}+\frac{P_2}{\gamma}+Z_2 \qquad \text{------------------------} \ (3.1)$$

위에서 고도차를 무시하면

$$\frac{V_1^2}{2g}+\frac{P_1}{\gamma} = \frac{V_2^2}{2g}+\frac{P_2}{\gamma} \qquad \text{------------------------} \ (3.2)$$

여기서 단면수축계수 $C_c = \frac{A_1}{A_2}$ 와 $Q_1 = Q_2(Q=AV)$를 이용하면

$$V_1\frac{\pi d_1^2}{4} = V_2 C_c \frac{\pi d_0^2}{4} \qquad \text{------------------------} \ (3.3)$$

(3.2), (3.3)식에서 V1 을 소거하면

$$\frac{V_2^2}{2g}\left[1-C_c^2\left(\frac{d_0}{d_1}\right)^4\right] = \frac{P_1-P_2}{\gamma} \qquad \text{------------------------} \ (3.4)$$

V2 에 관하여 풀면

$$V_2 = \sqrt{\frac{2g(P_1 - P_2)/\gamma}{1 - C_c^2(d_0/d_1)^4}} \qquad \text{-------------------------} \quad (3.5)$$

그러나 V_2는 이상유체의 속도이다. 따라서 실제속도 V_2를 구하기 위하여 수정계수 C_v를 곱하면

$$V_2 = C_v\sqrt{\frac{2(P_1 - P_2)/\rho}{1 - C_c^2(d_2/d_1)^2}} \qquad \text{-------------------------} \quad (3.6)$$

실제유량 $Q' = AV'$ 에 의하여

$$Q_{actual} = C_d A_0\sqrt{\frac{2(P_1 - P_2)/\rho}{1 - C_c^2(d_0/d_1)^4}} \qquad \text{---------------------} \quad (3.7)$$

여기서 $C_d = C_v C_c$

압력의 항을 수은마노메타의 항으로 나타내면

$$Q_{actual} = C_d A_0\sqrt{\frac{2gR[(S_0/S_1) - 1]}{1 - C_c^2(d_0/d_1)^4}} \qquad \text{------------------} \quad (3.8)$$

그러나 실제실험에 있어서 두계수 Cd, Cv을 따로 측정하기는 어렵다. 이러한 복잡성을 피하기 위하여 다음과 같은 간단한 형태로 표시한다.

$$Q_{actual} = CA_0\sqrt{\frac{2AP}{\rho}} \qquad \text{---------------------------} \quad (3.9)$$

이것을 액주계의 게이지차 R'의 항으로 바꾸어 표시하면

$$Q_{actual} = CA_0\sqrt{2gR\left(\frac{S_o}{S_1} - 1\right)} \qquad \text{------------------------} \quad (3.10)$$

그러나 이 실험에서는 관에서 수두차를 측정하였으므로

$$\frac{P_1 - P_2}{1000S} = \frac{P_1 - P_2}{\gamma} = R'\left(\frac{S_0}{S_1} - 1\right) \qquad \text{-------------} \quad (3.11)$$

(3.11)식은 다음과 같다.

$$Q_{actual} = CA_0\sqrt{2g\frac{(P_1-P_2)}{\gamma}} \quad \text{------------------} \quad (3.12)$$

압력 $P=\gamma h$

$\Delta h = \frac{\Delta P}{\gamma}$ 이므로

$$Q_{actual} = CA_0\sqrt{2gh} \quad \text{----------------------} \quad (3.13)$$

여기서,

Q : 유량 (m^3/s)

C : 유량계수

A_0 : 오리피스관면적 (m^2)

h : 차압 (m)

그리고 오리피스의 유량계수는 다음과 같다.

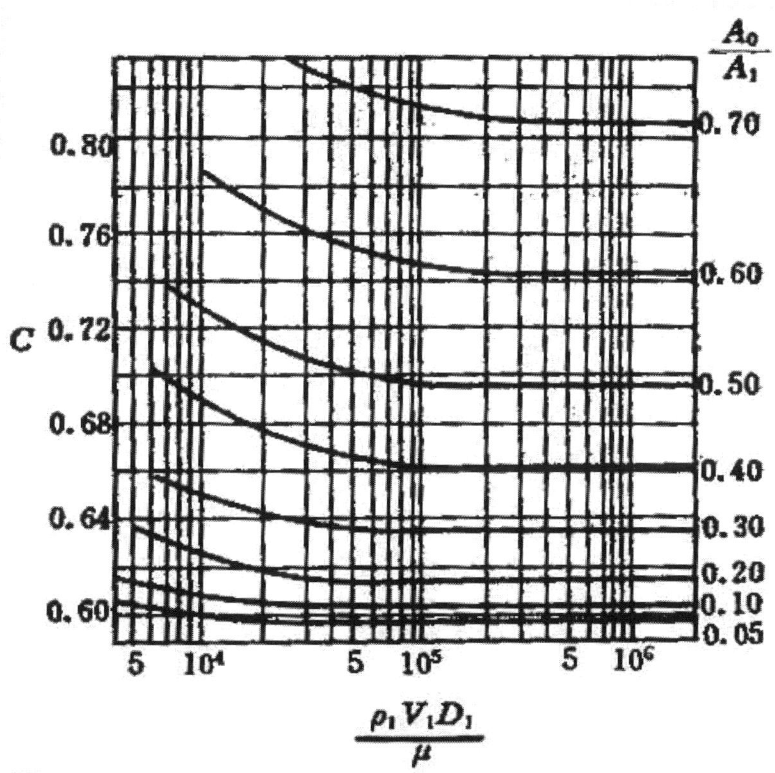

[표 3] 오리피스의 유량계수

4.1.4) WEIR

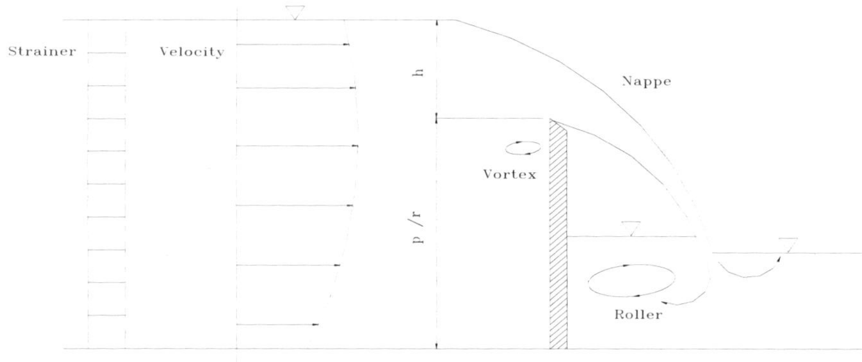

[그림 6] weir

$$Q = KLH^{3/2} \qquad \text{------} \quad (4.1)$$

Q : 월류유량
K : 수정계수
H : 월류수심
L : 웨어폭($\fallingdotseq 170mm$)

$$K = 1.785 + \left(\frac{0.00295}{H} + 0.237\frac{H}{P}\right)(1+\varepsilon) \qquad \text{------} \quad (4.2)$$

여기서,

P : 수조바닥에서 웨어마루까지의 높이($=296mm$)
ε : 보정량(※ $P \leq 1m$인 경우 $\varepsilon = 0$)

마) 부유식 유량계

유량은 부자의 맨윗부분이 지시하는 숫자가 유량이 된다

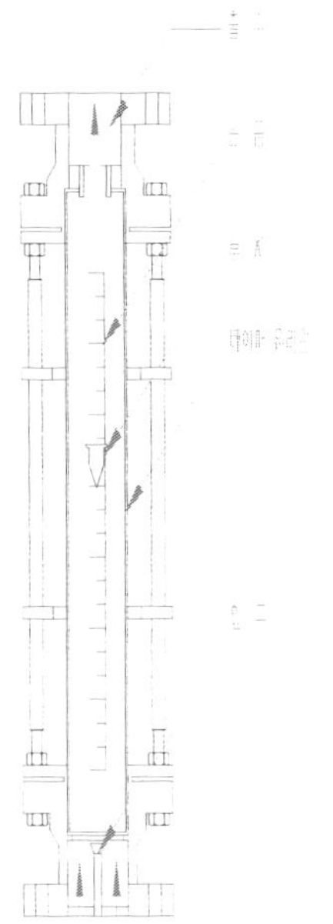

[그림 7] 부유식 유량계

이 유량계는 면적식 유량계(VARIABLE AREA TYPE FLOW METER)중에서 구조가 가장 간단하다.

1858년 프랑스의 CHAMER에 의해서 고안되어져 1910년에 KARL KRUPPERS 플로트의 주변에 경사진 틈을 조각하여 흐름에 의해서 플로트가 회전하는 것을 이용하여 유량계의 특허를 얻었다.

이와 같은 이유로 이 종류의 유량계를 ROTAMETER라고 부르게 되었으며 동양권에서는 1922년에 ROTAMETER의 명칭으로 소개되어 그 진가를 인정받게 되었다.

1. 개략이론

테이퍼관 안에 부자(float)를 넣어 직각으로 설치하고 테이퍼관 안에 유체를 밑에서 위로 흘려보내면 플로트의 전후의 압력차(차압)에 따른 힘 때문에 플로트는 위로 올라가지만 부자(float)와 테이퍼관 사이의 면적이 증가하므로 유속은 작게되어 차압 $P_1 - P_2$가 W/A 와 같아지는 점까지 이동해서 플로트는 정지한다.

부자(float)의 밑에서 가해지는 압력을 P_1, 위에서 가해지는 압력을 P_2, 부자(float)의 유효重을 W, 플로트의 유체방향에 직각된 면의 유효면적을 a 라고 한다면 플로트가 일정 위치에 정지하는 조건은

$$W + P_2 a = P_1 a$$

$P_1 - P_2 = W/A$가 된다.

부자(float)가 평행상태에 있어 유량방정식은 (BERNOULI, TORRICELLIS에 의해 이고 차압 $h^{\frac{1}{2}}$에 비례한다.

$$Q = C_r A \sqrt{\frac{2gh}{R}}$$

단, g : 중력의 가속도

R : 유체의 밀도

A : 부자(float)와 테이퍼관 사이의 면적

h : $P_1 - P_2 = W/A$

그러므로

$$Q = C_r A \sqrt{\frac{2gw}{Ra}}$$ 가 되고,

W, R, a 는 계기에 의해 정해지는 불변량이므로 유속은

$$V = C_r \sqrt{\frac{2gw}{Ra}}$$

는 일정하게 되고 유량은 유체통과 면적인 A 와 비례한다.

단, C_r은 유량계 고유의 유출계수이므로 주로 실험치로 구해진다.

2. 계기의 특징

1) 눈금범위는 1:10 비율이며 정도는 $FS \pm 2\%$ 이내이다.
2) 순간의 유량변화에도 민감하고 정확히 지시한다.
3) 유체자신의 유량이 직접 눈금으로 읽어진다.
4) 유체의 상황을 검시하는 것이 편리하다.
5) 기체, 액체의 모든 부식성액체에도 사용할 수 있다.
6) 압력손실이 적고 기체는 $8 \sim 2000 mmAq$ 이내이다.
7) 배관에 수직으로 설치하며 별도 보수가 필요 없다.

8) 120 C^o까지 사용 가능하다.

5 직관 및 부속품의 마찰손실 측정실험

가) 직관의 손실수두
나) 곡관의 손실수두
다) 레듀샤의 손실수두
라) 게이트 밸브의 손실수두
마) 급확대에서의 손실수두
바) 급축소에서의 손실수두

원관에서 단면이 급격히 확대되거나 수축할 경우에 발생하는 에너지 손실에 관한 연구는 매우 중요한 의미를 갖고 또한 여러 가지 밸브의 마찰에 관한 연구는 우리 생활에 여러 분야에서 사용되는 것을 직접 접할 수 있기 때문에 매우 중요하다.

그 적용분야를 보면 각종 보일러나 발전소의 파이프라인 등의 에너지 분야, 송유관이나 송수관, 또는 냉각수 공급 등에 쓰이는 각종 파이프라인 등 많은 응용분야가 있다. 또한 수평원관에서 단면확장이나 단면수축에 의하여 발생하는 손실을 파이프내의 압력강하와 직결되므로 이는 송유관이나 송수관의 펌프 용량을 계산하거나 파이프라인 중간에 설치하는 가압펌프의 용량을 계산하는데 매우 중요하다.

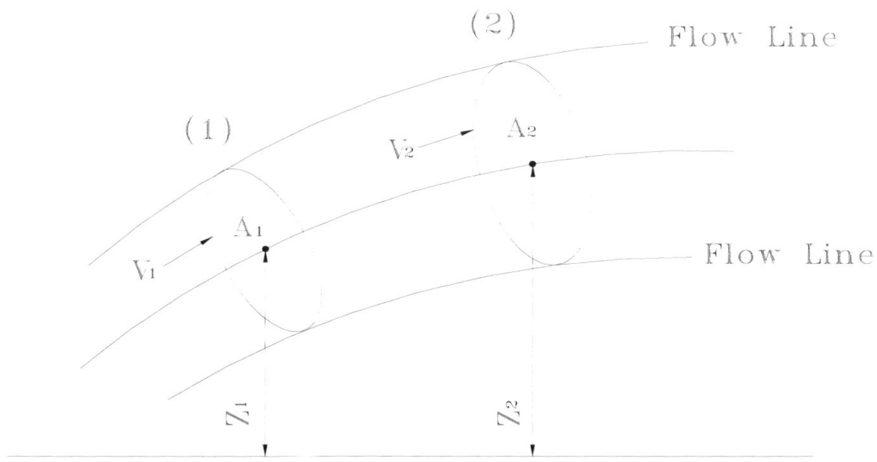

[그림 8] 단면적이 변하는 임의의 관로

위의 그림과 같이 비압축성 유체가 관내를 흐를 때에는 다음과 같은 베르누이 방정식이 성립한다.

$$\frac{P_1}{\gamma} + \frac{V_1^2}{2g} + Z_1 = \frac{P_2}{\gamma} + \frac{V_2^2}{2g} + Z_2 + h_L \qquad \text{------------ (5-1)}$$

여기서 h_L은 마찰손실수두(friction loss head) 또는 수두손실(head loss)이라하며, 단위중량의 유체가 1에서 2까지 가는 사이에 잃어버린 역학적 에너지의 량이다.

한편 관의 단면이 일정하고, 관이 수평으로 놓여 있을 때는 식 (5-1)로부터

$$h_L = \frac{P_1 - P_2}{\gamma} = \frac{\Delta P}{\gamma} \qquad \text{------------------------- (5-2)}$$

가 얻어진다.

Darcy는 길고 곧은 원관 내의 물의 유동에 관한 실험을 통하여 수두손실 h_L이 속도수두 $\frac{V_2}{2g}$와 관의 길이 L에 비례하고 관의 직경 d에는 반비례함을 확인하여 다음 식을 제시하였다.

$$h_L = f\frac{L}{d}\frac{V_2}{2g} \qquad \text{--- (5-3)}$$

여기서,

h_L : 손실수두 (m)
f : 마찰계수
L : 관의길이 (m)
d : 관의 직경 (m)
V : 유속 (m/s)

마찰계수를 구하는 방법은 흔히 Moody 선도를 이용한다.

무디선도는 상대조도 $(\frac{\varepsilon}{d})$와 레이놀드 (R_e)와 관의 종류에 따라 선도에서 찾아 마찰계수값을 결정한다.

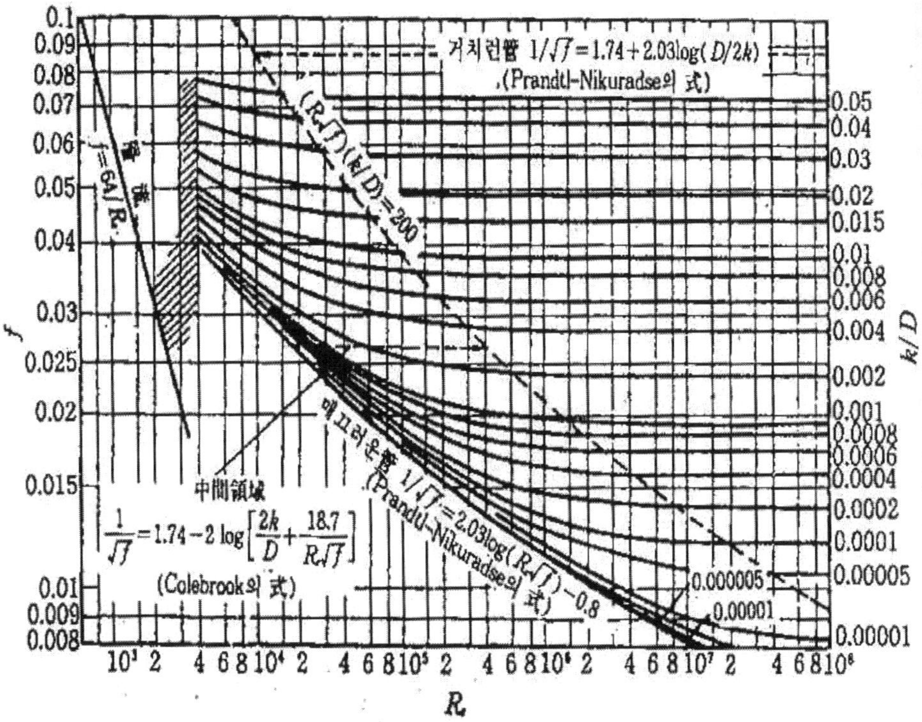

[그림 9] Moody 선도

5.2) 엘보우, 곡관에서의 손실

관이 직선이 아니고 구부러진 경우 유체유동은 벽면에서의 박리현상(separation), 2차유동(secondary flow) 등으로 인하여 복잡해지며 에너지 손실이 발생한다.

이 경우 손실계수 K는 관의 기하학적 형상, 관의 상대조도(roughness ratio) 등에 따라 달라지는데, 90o곡관의 경우는 [표2]와 같이 표시한다.

특히, $\frac{R}{d}=0$ 인 경우에는 $K=1.1$이라고 알려져 있다.

한편 R이 커지면 에너지 손실은 관이 구부러져 생기는 손실과 관마찰로 인하여 생기는 손실이 합쳐지므로 손실계수가 증가한다.

$$H_b = K_b \frac{V^2}{2g} = \Delta h \qquad \text{-----------------------------------} \quad (5\text{-}4)$$

여기서,

H_b : 손실수두 (m)

K_b : 손실계수

V : 평균유속 (m/s)
Δh : 손실측정수두(m)

엘보일 경우의 $K_b = 0.3 \sim 0.5$
※「표 6」에서 R/D의 값은 대부분 1이다.

5.3) 레듀샤의 손실수두

$$h_L = K_L \frac{(V_1 - V_2)^2}{2g} \quad \text{------------------------------ (5-5)}$$

5.4) 밸브에서의 손실수두

밸브 내부에서의 유체유동은 대단히 복잡하며, 에너지 손실은 밸브의 종류 및 제작상태는 물론 밸브의 개방 정도에 따라서 크게 달라진다.

즉, 밸브를 부분적으로 개방시킨 경우는 완전 개방시킨 경우에 비하여 훨씬 많은 에너지 손실이 발생하는데, 관의 직경이 1 "인 경우 손실계수K는 일반적으로 다음의 [표1]와 같이 표시된다.

그러나, 손실계수 K는 밸브의 제작업체나 연결방법등에 따라서 상당히 달라진다.

$$h_L = K_1 \frac{V_2}{2g} \quad \text{------------------------------------ (5-6)}$$

	게이트밸브	글로우브밸브
완전 개방상태의 K	0.19	1.00
3/4개방의 K/완전개방의 K	3.0-5.0	1.5-2.0
1/2개방의 K/완전개방의 K	12-22	2.0-3.0
1/4개방의 K/완전개방의 K	70-120	6.0-8.0

[표 4] 밸브의 손실계수

5.5) 급 확대관에서의 손실수두

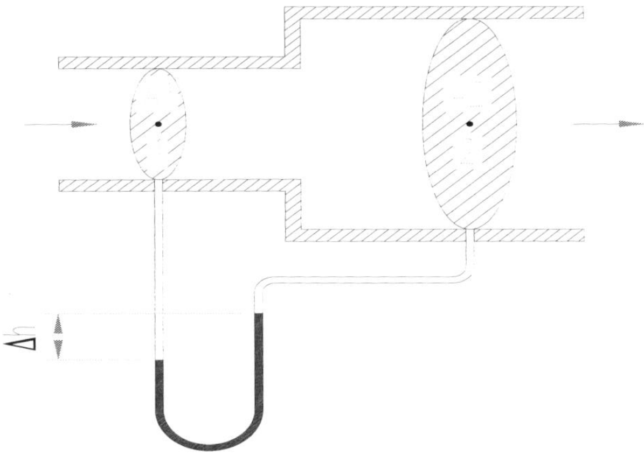

[그림 10] 180。 급확대관

그림에서 단면 A1 과 단면 A2 에서의 평균유속을 V1 , V2로 하면, 연속방정식에 의해서

$$Q=A_1 V_1=A_2 V_2 \quad \text{------------------------------------} \quad (5\text{-}6)$$

이다.

다음에 운동량은 일반적으로 (질량) x (속도)로 표시된다.

그런데 어느 단면을 매초 통과하는 물의 질량은 유량 Q와 밀도 $\rho=\frac{\gamma}{g}$의 곱이다.

그러므로 단면 A_1과 A_2를 매초 흐르는 물의 운동량은 각각 $\frac{\gamma Q}{g}V_1$, $\frac{\gamma Q}{g}V_2$ 이다. (5-6)식에 의하여

$$\frac{\gamma Q}{g}V_1=\frac{\gamma}{g}(A_1 V_1)V_1, \quad \frac{\gamma Q}{g}V_2=\frac{\gamma}{g}(A_2 V_2)V_2 \quad \text{--------} \quad (5\text{-}7)$$

로 된다.

따라서 물이 A_1에서 A_2로 흐르기 위하여 매초 일어나는 운동량의 변화는 $\frac{\gamma}{g}A_1 V_1(V_1-V_2)$ 이다.

지금 단면 A_1과 A_2에서의 압력을 각각 P_1 , P_2 라 하고 , 그들이 각 단면상에 균일하게 분포되어 있는 것으로 가정하면, 단면 a에서 오른쪽으로 작용하

는 힘은 P_1A_1이고, 단면 b에서 왼쪽방향으로 작용하는 힘은 P_2A_2가 된다.

단, 단면 a에서 작용하는 압력은 일정하지 않고 계속적으로 변화하지만 단면 A_1을 나온 직후이므로 A_1에서와 같은 압력 P_1이 작용하는 것으로 생각할 수 있다.

그런데 Newton운동의 제2법칙에 의해서 운동량의 변화와 이 변화를 일으킨 힘은 서로 같아야 하므로 다음의 관계식이 성립한다.

$$\frac{\gamma}{g}A_1V_1(V_1-V_2) = P_2A_2-P_1A_1 \quad \text{-------------------- (5-7)}$$

이식에 (5-6)식의 $A_2 = \frac{V_1}{V_2}A_1$ 을 대입하면

$$\frac{\gamma}{g}A_1V_1(V_1-V_2) = \frac{A_1V_1}{V_2}(P_2-P_1) \quad \text{----------------- (5-8)}$$

로 되고 , 또는

$$\frac{V_2(V_1-V_2)}{g} = \frac{P_2-P_1}{\gamma} \quad \text{--------------------------- (5-9)}$$

로 쓸 수 있다.

이 식으로부터 $\frac{P_1}{\gamma}$을 구하면

$$\begin{aligned}\frac{P_1}{\gamma} &= \frac{P_2}{\gamma}-\frac{V_1V_2}{g}+\frac{V_2^2}{g}\\ &= \frac{V_2^2}{2g}+\frac{P_2}{\gamma}-\frac{2V_1V_2}{2g}+\frac{V_2^2}{2g}\end{aligned} \quad \text{------------------ (5-10)}$$

으로 되며, 다시 이 식의 양변에 $\frac{V_1^2}{2g}$을 가하면

$$\begin{aligned}\frac{V_1^2}{2g}+\frac{P_1}{\gamma} &= \frac{V_2^2}{2g}+\frac{P_2}{\gamma}\left(\frac{V_1^2}{2g}-\frac{2V_1V_2}{2g}+\frac{V_2^2}{2g}\right)\\ &= \frac{V_2^2}{2g}+\frac{P_2^2}{\gamma}+\frac{(V_1-V_2)^2}{2g}\end{aligned} \quad \text{------------ (5-11)}$$

지금 단면 A_1과 A_2의 중심선에 대하여 손실수두를 무시하면, Bernoulli 방정식에 의하여

$$\frac{P_1^2}{2g}+\frac{P_1}{\gamma} = \frac{V_2^2}{2g}+\frac{P_2}{\gamma} \quad \text{-----------------------------} \quad (5\text{-}12)$$

로 된다.

앞 두식을 비교하면, 손실수두를 고려하지 않을 때에는

$\frac{(V_1-V_2)^2}{2g}$이 0 이며, 그리고 이 항이 단면의 확대에 의한 손실수두 H_L 을 표시한다.

따라서 $H=\frac{(V_1-V_2)^2}{2g}$ ------------------------------------- (5-13)

으로 된다. 다시 (5-4)식에 (5-1)식의 $V_2 = \frac{V_1}{V_2}A_1$을 대입하면

$$H_L = \left(1-\frac{A_1}{A_2}\right)^2\frac{V_1^2}{2g} \quad \text{------------------------------} \quad (5\text{-}14)$$

여기서 확대에 의한 손실계수는

$$K=\left(1-\frac{A_1}{A_2}\right)^2 \quad \text{-------------------------------------} \quad (5\text{-}15)$$

으로 된다. 따라서,

$$H_L = K\frac{V_1^2}{2g} \quad \text{-------------------------------------} \quad (5\text{-}16)$$

5.6) 급 축소관에서의 손실수두

$$H_L = \left(\frac{A_2}{A_x}-1\right)\frac{V_2^2}{2g}$$
$$= K\frac{V_2^2}{2g} \quad \text{---------------------------------} \quad (5\text{-}17)$$

구 분	도 표	상 수
관입구 $h_L = K_e v_2/2g$	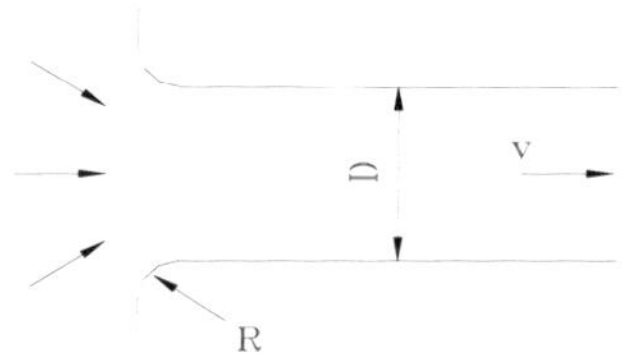	R/D K_e 0.0 0.50 0.1 0.12 〉0.2 0.03
수관축 $h_L = K_c v_2^2/2g$	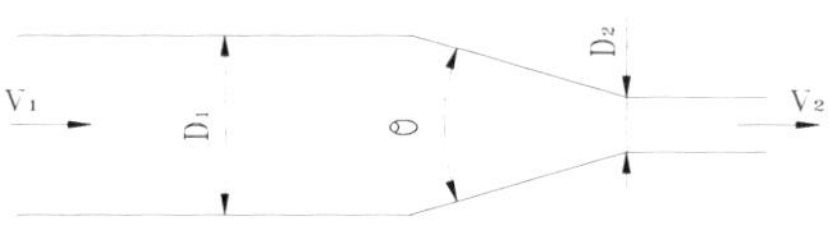	D_1/D_2 K_c $\Theta = 60°$ K_c $\Theta = 180°$ 0.1 0.08 0.50 0.20 0.08 0.49 0.40 0.07 0.42 0.60 0.06 0.32 0.80 0.05 0.18 0.90 0.04 0.10
확대관 $h_L = K_E v_1^2/2g$	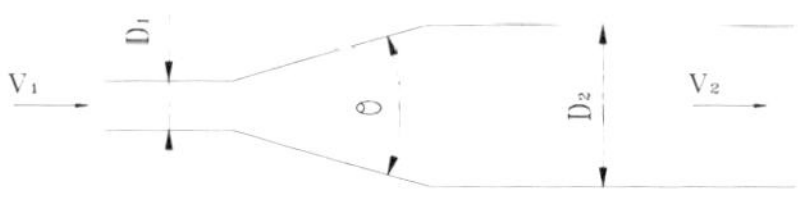	D_1/D_2 K_c $\Theta = 10°$ K_c $\Theta = 180°$ 0.0 1.00 0.20 0.13 0.92 0.40 0.11 0.72 0.60 0.06 0.42 0.80 0.03 0.16
90° 꺾인곡관	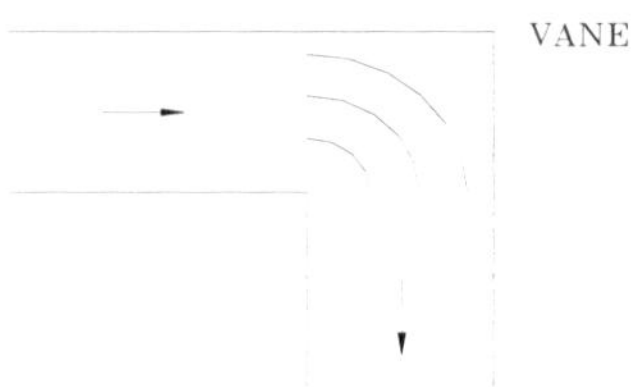	Without Vanes $K_b = 1.1$ With Vanes $K_b = 0.2$
90° 원활한 곡관	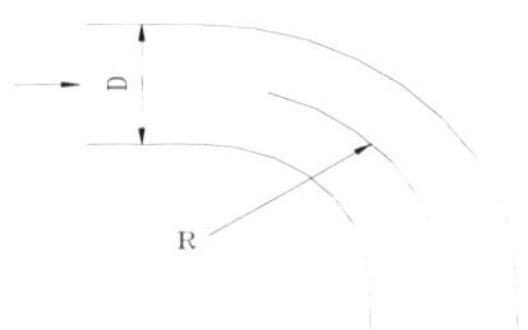	R/D 1 K_b = 0.35 2 0.19 4 0.16 6 0.21 8 0.28 10 0.32
나사관 이음 글로브 밸브(크게 열림) 각밸브(크게 열림) 게이트 밸브(크게 열림) 게이트 밸브(반 열림) 귀환 벤드		$K_v = 10.0$ $K_v = 5.0$ $K_v = 0.2$ $K_v = 5.6$ $K_b = 2.2$
T 이음 직통 유동 측면 유동		 $K_t = 0.4$ $K_t = 1.8$
엘보우 90° 엘보우 45° 엘보우		 $K_b = 0.9$ $K_b = 0.4$

여기서 K는 손실계수로서

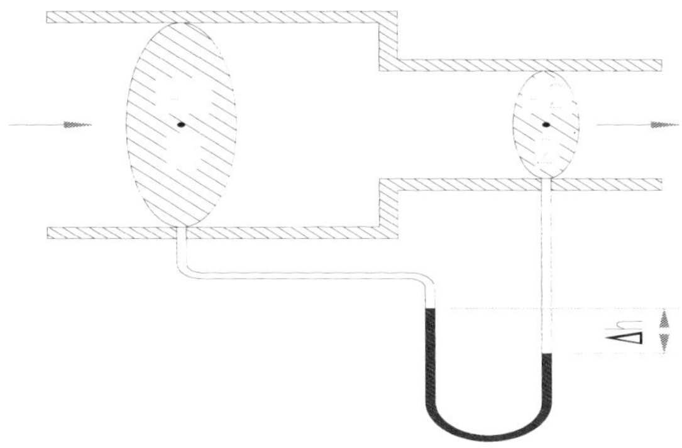

[그림 11] 180。 급축소관

$$K = \left(\frac{1}{C_c} - 1\right)^2 \qquad \text{(5-18)}$$

A2/A1	0	0.1	0.2	0.3	0.4	0.5	0.6	0.7	0.8	0.9	1.0
Cc	0.617	0.624	0.632	0.643	0.659	0.681	0.712	0.755	0.813	0.892	1.00
Kc	0.50	0.46	0.41	0.36	0.30	0.24	0.18	0.12	0.06	0.02	0

[표 5] 축소관에서의 손실계수

5.7) 레이놀드 수

$$Re = \frac{\rho \cdot D \cdot V}{\mu} = \frac{D \cdot V}{\nu} \qquad \text{(5-17)}$$

◀ List of Symbols ▶

Q : 단위 시간당 통과한 유량 (m^3/s)

T : 시간 (min)

G : 단위 시간당 통과한 물의 무게 (kg)

γ : 유체의 비중량 $(1000 kg/m^3)$

V : 유속 (m/s)

A : 파이프의 단면적 (m^2)

d : 파이프의 지름 (m)

l : 측정점의 길이 (m)

g : 중력가속도 (m/s^2)

ρ : 유체의 밀도 (kg/m^3)

K : 손실계수

7. 유 량 측 정

1 실험목적

유량측정계인 벤튜리미터(venturi meter), 노즐(Nozzle), 오리피스(Orfice)에서의 압력차를 water manometer 또는 mercury manometer로 측정하여 이론유량을 구하고, 실제유량과 비교하여 유량계의 유량계수를 구한다.

2 실험준비

(1) 압력측정 실험 준비와 같이 한다.
(2) water 및 mercury manometer
(3) table balance
(4) bucket
(5) stop watch
(6) 온도계 및 확대경

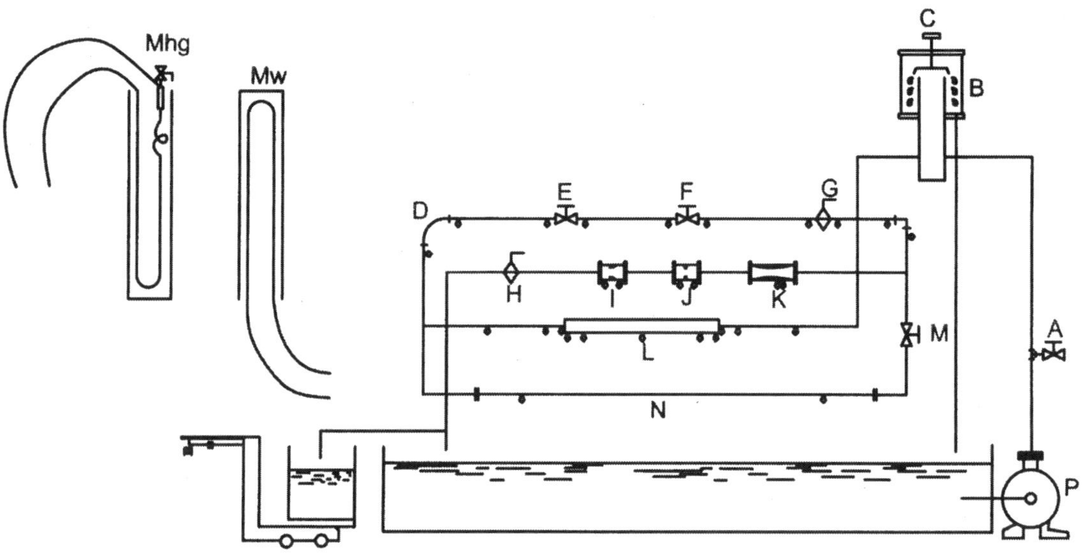

3 실험장치

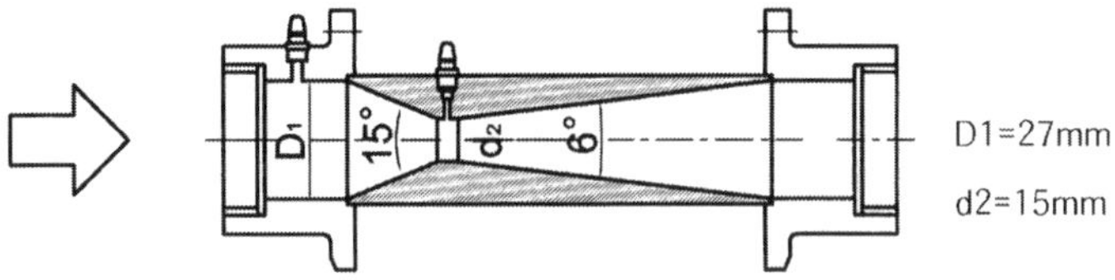

Venturi meter

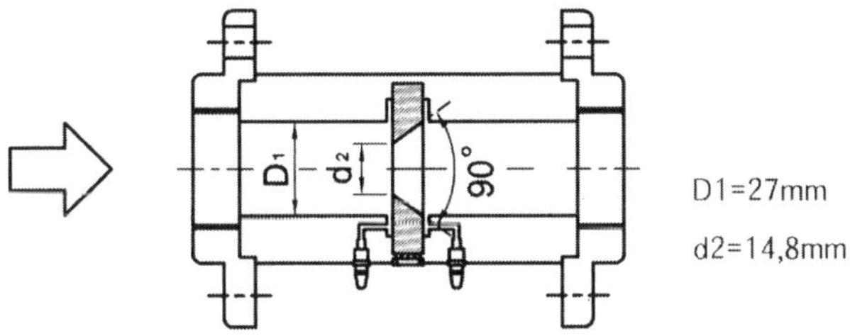

Orifice

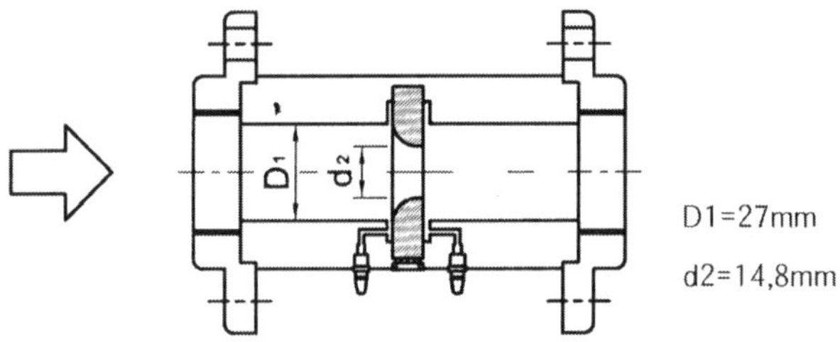

Nozzle

4 실험관계식

유량측정은 체적에 의한 측정과 무게에 의한 측정이 있으며, 체적에 의한 측정이 무게에 의한 측정보다 그 정도가 낮다. 이유는 체적에 의한 측정은 많은 변수들을 측정하여야 하기 때문이다. 기체들은 가스계(gasmeter)로서 체적에 의해 측정될 수 있으며, 이 기구는 기체의 체적이 수집되는 사이는 그 속이 일정한 압력과 온도로 유지되어야 한다.

벤튜리계(Venturi 計)

관에서의 수축부는 가속운동을, 그리고 유량과 직접적으로 관계되는 수력구배 또는 압력의 강하를 발생하게 되며, 그러므로 이것은 유량을 압력측정들로부터 계산할 수 있는 탁월한 계기이다. 유량계기로서 사용되는 이와 같은 수축관은 벤튜리미터, 노즐, 오리피스가 있다.

(1) Venturi Meter

이 식은 베르누이의 정리로부터 유도된다.

$$\frac{P_1}{\gamma}+\frac{{V_1}^2}{2g}+Z_1=\frac{P_2}{\gamma}+\frac{{V_2}^2}{2g}+Z_2 = \text{일정}$$

$Z_1 = Z_2$ (수평으로 설치되어 있으므로)

$$\frac{P_1}{\gamma}+\frac{{V_1}^2}{2g}=\frac{P_2}{\gamma}+\frac{{V_2}^2}{2g}$$

$$\frac{P_1-P_2}{\gamma}=\frac{V_2^2-V_1^2}{2g}$$

$$\frac{P_1-P_2}{\gamma}=H=Manometer \text{ 의 수두(압력차)}$$

$$\frac{{V_2}^2-{V_1}^2}{2g}=H$$

$${V_2}^2-{V_1}^2=2gH$$

연속류 임으로

$$V_1\frac{\pi D^2}{4}=V_2\frac{\pi d^2}{4} \text{ 으로부터}$$

$$V_2=V_1\frac{D^2}{d^2}=V_1 m \qquad (\frac{D}{d})^2=m \quad (\text{開口比})$$

$${V_2}^2-{V_1}^2=2gH$$

$${V_1}^2m^2-{V_1}^2=2gH$$

$${V_1}^2=\frac{2gH}{m^2-1}$$

$$V_1=\sqrt{\frac{2gH}{m^2-1}}$$

따라서

$$\text{유량} \quad Q=\frac{\pi D^2}{4}C_v\sqrt{\frac{2gH}{m^2-1}}$$

여기서 C_v : Venturi meter 의 유량계수
H : Manometer의 수두

(2) 관내 Orifice

$$\frac{P_1}{\gamma}+\frac{V_1^{\,2}}{2g}+Z_1=\frac{P_2}{\gamma}+\frac{V_2^{\,2}}{2g}+Z_2$$

$$\frac{V_2^{\,2}-V_1^{\,2}}{2g}=\frac{P_1-P_2}{\gamma}=H \quad Momeneter\text{의 수두(압력차)}$$

연속류 임으로 $Q=AV$

$$V_1\frac{\pi d^2}{4}=V_2\frac{\pi d^2}{4}C_c$$

(∴ 수축부에서 단면적은 수축계수에 의하여 특정지어 지므로)

$$V_2=V_1\frac{1}{C_c}$$

$$V_2^{\,2}-V_1^2=2gH$$

$$V_1^{\,2}\frac{1}{C_c^{\,2}}-V_1^{\,2}=2gH$$

$$V_1^{\,2}=\frac{2gH}{\frac{1}{C_c^{\,2}}-1}$$

$$V_1=\frac{1}{\sqrt{\frac{1}{C_c^{\,2}}-1}}\sqrt{2gH}$$

$$Q=\frac{\pi d^2}{4}\frac{1}{\sqrt{\frac{1}{C_c^{\,2}}-1}}\sqrt{2gH}$$

$$C_o=\frac{1}{\sqrt{\frac{1}{C_c^{\,2}}-1}}\text{ 라 하면}$$

$$Q=\frac{\pi d^2}{4}\cdot C_o\cdot\sqrt{2gH}$$

여기서 C_o : Orifice 의 유량계수

H : Manometer의 시차

(3) Nozzle

Orifice에서와 같은 방법으로 계산하면

$$Q = \frac{\pi d^2}{4} \quad C_n \quad \sqrt{2gH}$$

여기서 C_n : Nozzle의 유량계수

H : Manometer의 시차

(4) 레이놀즈수(Reynold's number) 식

$$N_R = \frac{V \cdot d}{\nu}$$

ν : 물의 동점성계수(㎠/s)

물의 동점성계수 (단위 : cm^2/s)

0℃	0.0179	20℃	0.0101
10℃	0.0131	30℃	0.0080

5 실험방법

유량계측관로에 통수하고 수류가 안정 한 뒤 즉 Manometer의 시차가 안정한 다음에 계측을 시작한다.
유량측정은 중량법에 의해서 한다. 즉 수류절환기 밑에 계량 Bucket을 저울위에 놓고 계량 Bucket 의 자중과 흘러내린 물의 중량의 합이 적당한 눈금으로 될 때까지 Stop Watch로 계측을 한다.
이 계측시간에 Manometer의 시차를 읽는다.

6 실험의 정리

유량측정계인 벤튜리미터, 노즐, 오리피스의 압력차를 water manometer 또는 mercury manometer로 측정하여 압력차와 유량과의 관계와 유량계수를 도시하여 관찰한다.

7-1 피토관 실험장치

(Pitot Tube Tester)

1 개요

유체의 운동특성에 따라 물체에 가하여지는 힘은 접촉면에 작용하는 압력의 총화로써 구해지므로 압력의 계측은 유체의 운동력을 산정하는데 필수적이다. 이러한 유체의 운동특성을 나타내는 가장 대표적인 변수는 유속이며, 특정지점에서 유속벡터의 계측을 위하여 정압과 전압력을 동시에 측정할 수 있는 피토관을 사용한다. 본 실험장치는 관로에 흐르는 유체의 유속을 측정하기 위해 피토관을 이용하며, 이때에 경사마노메터를 이용하여 그 압력차를 구함으로써 실제유량과 계산된 유량,그리고 유량계의 값을 비교하며, 관로내의 유속분포를 측정하기 위한 장치이다.

2 사양

Dimension	:	530(W)×1040(L)×573(H)mm	
Test pipe	:	M'TL	- Acryl
		Size	- ϕ60(O.D) x ϕ50(I.D)
Inclined Water manometer	:		
		No. of tube	: 2 ea.
		Scale length	: 160 mm
		Scale division	: 1 mm
		Inclined degree	: 1/10 , 1/5 , 1/2. 1
		Mounting style	: portabled with clamp
Pitot tube	:	Dia. 6mm	
Flow control Valve	:	32A Ball Valve	
Frame	:	Al profile 40 x 40	
Pump	:	Size	- (In.Dia)34mm x (Out.Dia)38mm
		Q	- 110 ℓ/min
		P	- 220V, 단상, 200W
Water tank	:		
		M'tl	- PVC 8t
		Size	- 300(W) x 400(D) x 400(L)
Flow Meter	:	오리피스타입	
		M'tl	- SUS, 유리,, Size -32A, 100리터/분

3 장치의 설치

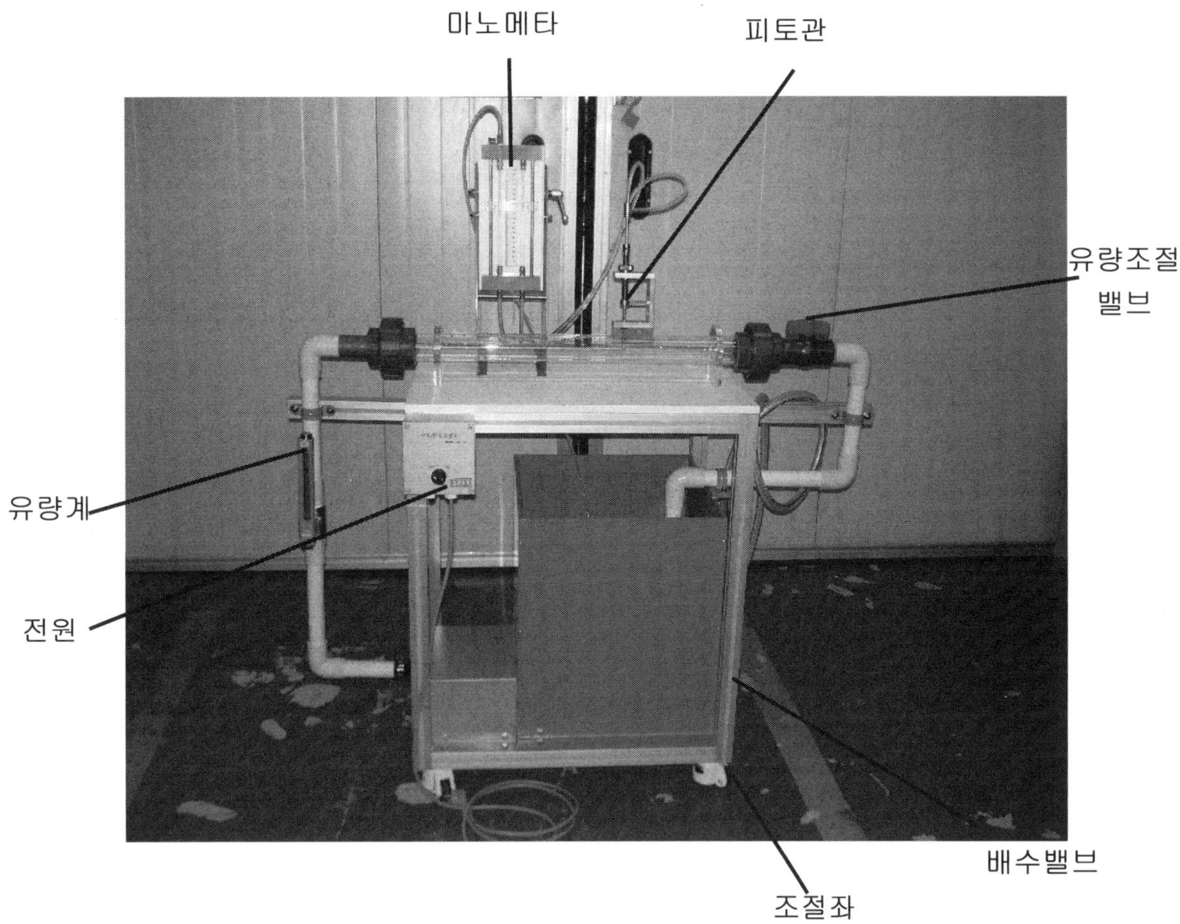

- 급,배수
  - -급수 : 수조에 2/3가량의 물을 채운다.
  - -배수 : 유출구측의 밸브 (4)를 열어 배수한다.
- 바닥이 평평한곳에 놓고 조절좌의 레바를 돌려 바퀴를 띄어 놓고 수평을 아놓는다

4 실험방법

4-1. 실험방법

1) 배수밸브를 잠근후 수조에 2/3정도로 물을 채운다.
2) 유속측정을 위해 피토관과 경사마노미터를 비닐액주관으로 연결한다.
3) 전원스위치를 ON로 펌프를 가동시킨다.
4) 유량조절밸브를 조정하며 관내로 유체(물)을 흐르게 하여 경사마노미터의 압력수두차의 유부를 확인한다.

5) 압력수두차를 확인하여 유량조절밸브를 고정하고, 유량이 일정하게 흐르게 하여 압력수두차를 읽는다. (좌측의 유량계 값을 읽어 기록한다)
6) 피토관지지대의 눈금을 확인하며 상·하의 위치를 변화시키며 각각의 압력수두차를 읽는다.
7) 측정된 압력수두차와 이때의 관벽으로부터의 거리를 확인하여 유량을 측정한다.
8) 유량조절밸브를 이용하여 변화시키면서 3~4회 정도 반복한다.
좌측의 유량계눈금을 읽어 기록하고 데이터계산값과 비교한다
9) Data를 정리하고, 실험을 마친다.

4-2. 주의사항

1) 피토관이 굵으면 주위의 흐름을 교란시키므로 가는 원형관이 좋다.
2) 측정할 때는 흐름의 방향과 일치하도록 한다.
3) 유속 측정점을 증가시킬 경우는 관의 측벽에 가까운 곳을 많이 하여, 유속분포의 변화를 확인하는 것이 좋다.
4) 마노미터를 읽을 때는 수분간 경과하여 수위의 진동이 감쇄된 후에 읽도록 한다.

4-3. 경사마노메타 사용법

- 미압을 재는 경우에는 비중이 1인 증류수를 사용해도 양 수두의 차이를 판별하기가 어렵다. 이러한 경우 마노메타의 Piezometer tube를 임의 각도로 경사지게 설정하여 실험하면 매우 작은 수두의 높이 차이를 크게 확대시켜 읽을 수 있다.

1) 시험각도를 설정한다. 1/2 , 1/5 , 1/10 ①의 각도조절기를 당기고 시험각도를 설정 후 고정시킨다.
2) ②의 수평조절볼트를 ③의 수평계를 보면서 원점에 맞게 조절한다.
3) 압력닛블 ④와 ⑤에 측정하고자하는 압력호수를 연결한다.
4) ①의 각도조절기를 옮겨가면서 측정한다.

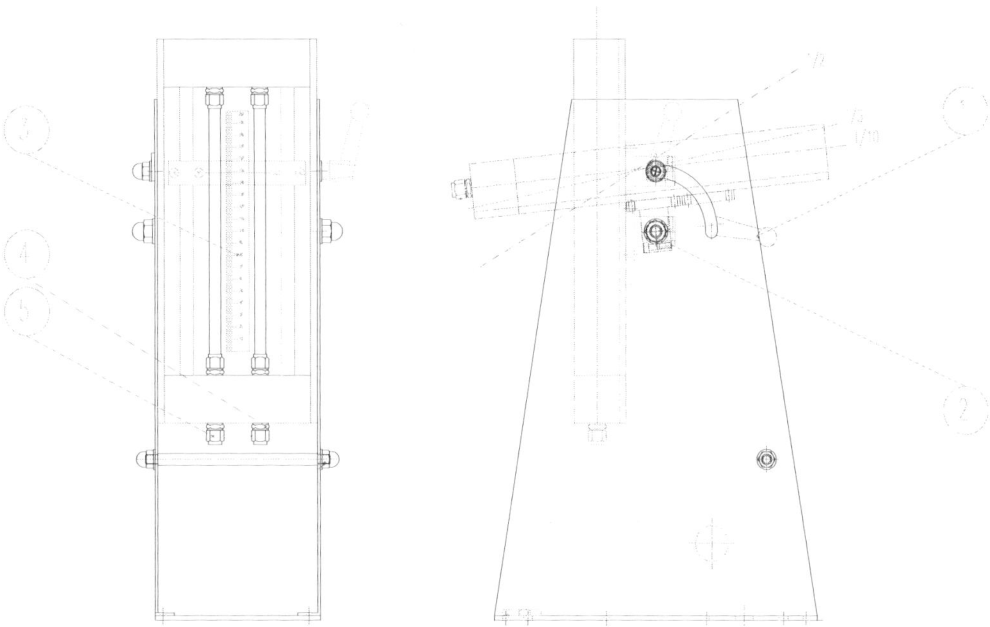

* 계 산 방 법 *

예) 스케일의 지시값이 100MM일 경우

각도조절기 설정치가

1 / 2 일 때 (30。) ☞ Δh = 5 0 mm(실제측정값)

1 / 5 일 때 (11.5。) ☞ Δh = 2 0 mm(실제측정값)

1 / 1 0 일 때 (5.7。) ☞ Δh = 1 0 mm(실제측정값)

5 실험이론 및 계산

일반적으로, 유속장치에 의해 측정되어지는 수치는 유속이 아니고 속도와 관련된 측정 가능한 양이다. 흐름이 평행할 때 속도의 크기를 측정하려면 피토관(Pitot tube)은 속도를 측정하는 가장 정확한 방법중의 하나이다. 아래의 그림에서는 직각으로 구부러진 관을 사용하여 관로내에서의 속도 V를 측정하는 모습이 나타나 있다. 관구를 흐름의 방향으로 향하게 하는 것은 입구에서 유입되는 유체의 압력으로 속도충격에 충분히 대항할 수 있게 높아지게 하기 위해서이다. 관구 앞의 유체는 정지상태이다. 그림에서 점 1을 지나가는 유선은 관구 앞의 유체가 정지되는 점, 즉 정(Stagnation point)이라 하는 점2에 이르러, 방사상으로 나뉘어져서 관주위로 흘러간다. 점 2에서의 압력은 관의 액주를 통하여 알 수 있다.

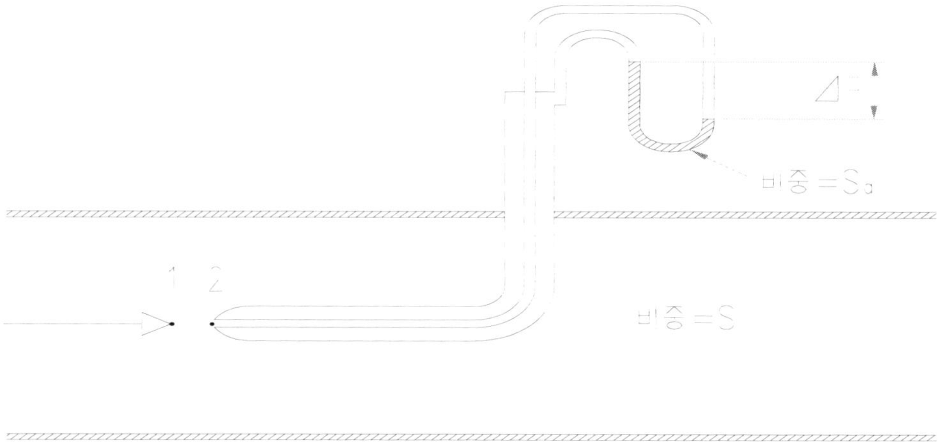

Bernoulli 방정식을 점1과 점2사이에 적용하면 다음과 같다.

$$\frac{V_1^2}{2g} + \frac{P_1}{\gamma} + Z_1 = \frac{V_2^2}{2g} + \frac{P_2}{\gamma} + Z_2$$

에서 $V_2 = 0$, $Z_1 = Z_2$, $\frac{P_1}{\gamma} = \Delta h$ 이므로

$$\therefore \quad V_1 = \sqrt{2g\Delta h} \qquad \text{------- ①}$$

그러나 피토관은 흐름의 직선성에 대해 민감치 않으므로 Yaw각의 발생이 15° 이내이면 측정오차는 몇 퍼센트이내에 든다. 즉 이론값과 실제값의 차이가 생기므로, 유속계수를 도입해서 보정해 주어야 한다. 즉,

$$\therefore \quad V_1 = C_v\sqrt{2g\Delta h\left(\frac{\gamma_{air}}{\gamma_{water}} - 1\right)} \qquad \text{------- ② (작동유체가 물일 경우)}$$

여기서 C_v는 Pitot관 계수 또는 속도계수로서 실험적으로 결정하여야 하며, 공기의 경우 Pitot관의 안지름이 1mm이상인 경우는 $C_v \fallingdotseq 1$임이 많은 실험에서 증명되었다.

일반적으로 C_v는 유체의 종류, 특히 Pitot관의 특성에 따라 다르며, $C_v = 0.9 \sim 0.99$의 범위다.

※원형관내 유속분포 및 속도측정

아래의 그림은 측정관내의 단면을 나타낸 것이다.

Re수를 계산하여 층류와 난류에 따라 각각의 유속 및 유량을 측정하고 각 측정점에 따른 유속계산을 통해 관내의 유속분포를 나타낼 수 있다.

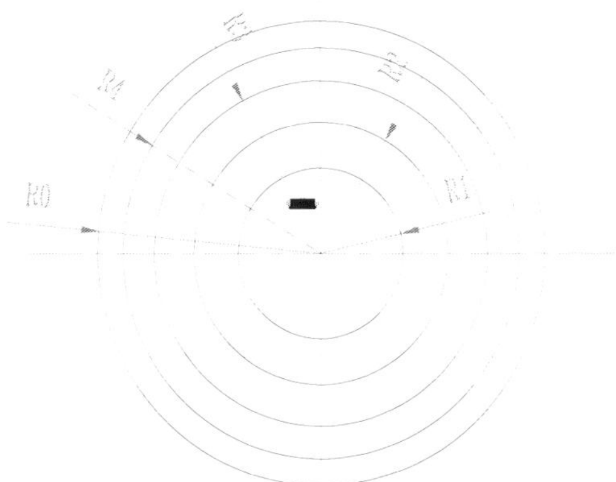

$r_1 = 0.447R ≒ 11.18mm$

$r_2 = 0.632R ≒ 15.8mm$

$r_3 = 0.775R ≒ 19.38mm$

$r_4 = 0.894R ≒ 22.35mm$

$R = 25mm$

[그림-1]측정점위치의 예

5-1) 층류일 경우

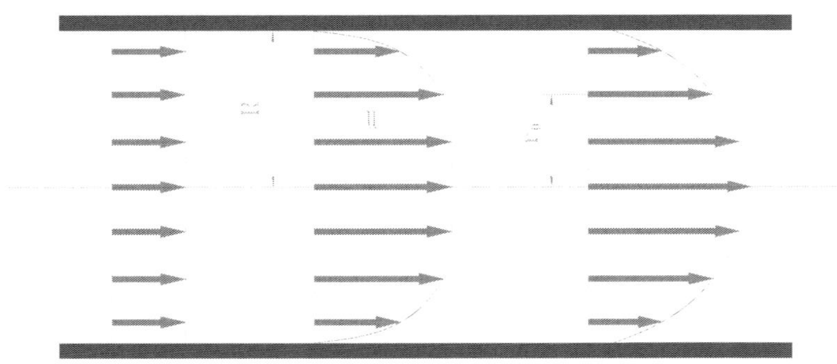

층류유동(정상유동)의 경우 속도분포를 보면 위그림과 같이, 완전히 발달된 유동일 경우는 중심에서 최대 속도를 갖는다.

Hagen-Poiseuille공식에 의해서 길이가 ℓ, 내경이 R의 관로내에서의 유량공식은 다음과 같다.

$$Q = \frac{\pi R^4}{8\mu \ell}(P_1 - P_2) \quad 혹은 \quad Q = \frac{\pi R^4 \gamma \Delta h}{8\mu \ell} \qquad ③$$

이 경우는 상당한 관의 길이 ℓ 에 대하여 생각한 식이므로, ℓ 을 흐르는 동안에 밀도가 변할 수 있기 때문에 밀도가 일정한 유동에서만 적용이 가능하나, 밀도의 변화를 무시할 수 있을 경우에는 어느 경우나 적용이 가능하다. 나아가서 이 방정식들의 적용 한계는 위 그림에서처럼, 관의 입구에서 거리의 증가에 따라 난류가 발달되어 가기 때문에, 완전히 발달된 층류영역구역과 같은 속도 분포를 갖는 곳이어야 한다.

그러므로 이러한 경우에서의 평균유속을 식 ③으로부터 계산하면

$$u_m = \frac{Q}{A} = \left(\frac{\pi R^4}{8\mu}\frac{\gamma H}{\ell}\right) / \pi R^2$$

$$= \frac{R^2}{4\mu}\frac{\gamma H}{\ell} \qquad \text{-------} \qquad ④$$

여기서 u_m = 반경 R에 대한 평균유속 ($r_o = r$)

H = 경사마노메타의 압력수두차

γ = 물의 비중량 (20℃일경우)

μ = 물의 점성계수 (20℃일경우)

ℓ = 측정점까지의 거리

또한 식④를 임의의 반경 r까지의 거리를 놓고 적분하게 되면 임의의 점에서의 속도를 구할 수 있게 되는데,

$$u = u_0\left(1 - \frac{r^2}{R^2}\right) \qquad \text{-------} \qquad ⑤$$

u_0 = 최대유속(관내중심)

r = 임의의 측정점까지의 반경

로써 관로내의 층류유동일 경우 유속분포 및 유량을 구할 수 있게 된다. 위의 공식들은 연속체(Continuum)들이 고체와 경계면에서 미끄러짐이 없이 유동한다는 가정하에 실험과 이론을 비교한 것이며, 액주압력(Piezometric pressure)은 유속에 비례함을 알 수 있다.

5-2) 난류일 경우

관내 난류유동의 경우는 층류유동과는 달리 관의 중심부에서 거의 동일한 속도 영역이 존재하게 된다. 난류유동이라 하여도 관 내의 벽에서는 유속이 0이 되고, 벽에서 멀어짐에 따라 유속이 크게 증가하여 어느 점에 이르면 그림과 같이 큰 증가를 가져오지 않는다. 그리하여 난류유동에서도 벽 가까운 곳에

경계층으로 존재하게 된다.

여기서는 독일의 Prandtl과 Karman의 가정하에 관내 난류속도 분포식을 유도한다.

1) 관 벽에 가까운 곳의 유동분포는 관의 반지름과 관계없이 점성계수 μ와 밀도ρ, 그리고 벽면에서의 전단응력 τ에 의하여 결정된다.
2) 속도분포를 나타내는 곡선의 형상은 속도가 증가하더라도 변하지 않는다.

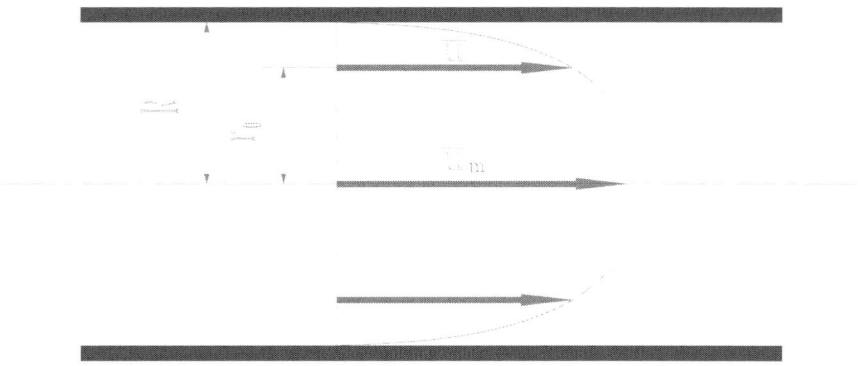

여기서 평균유속(x, y축방향) $\bar{u}$, $\bar{v}$ 을 정의하면 다음과 같다.

$$\bar{u} = \frac{1}{t}\int_0^t u\,dt$$

$$\bar{v} = \frac{1}{n}\sum_{i=1}^{n} v_i$$

관내에서의 유속은 반지름의 함수이므로,

$$\bar{u} = f(r) \qquad \text{-------} \quad ⑥$$

이를 무차원의 함수식으로 변형하면

$$\frac{\bar{u}}{\bar{u}_m} = f\left(\frac{r}{r_0}\right) \qquad \text{-------} \quad ⑦$$

로 쓸 수 있다. 또한, 관내의 난류속도분포는 임의의 포물선을 이루고 있다.

그러므로

식⑦은 다음과 같은 임의의 지수함수식으로 나타낼 수 있다.

$$\bar{u} = \bar{u}_m \left(\frac{r}{r_0}\right)^n \quad \text{-------} \quad ⑦$$

다시 식⑦을 Blasius의 실험식과 관마찰식에 대입하여 정리하면

$$\bar{u} = \bar{u}_m \left(\frac{r}{r_0}\right)^{1/7} \quad \text{-------} \quad ⑧$$

되는데, 이 식을 Prandtl-Karman의 $\frac{1}{7}$승의 법칙(power law of Prandtl and Karman)이라고 하며 Re< 5×10^4범위에서 사용이 가능하다.

실험결과, 일반적으로 관내의 속도분포는 레이놀드수에 따라 변화하며, 레이놀드수가 작을수록 중심부의 속도값은 크게 나타난다. 또한 난류운동에서는 일정한 속도분포 등이 존재하지 않는다.

즉, 유체미립자는 매우 복잡한 운동을 하며, 속도의 방향과 크기는 끊임없이 변화한다. 따라서 속도 분포의 모양은 주류(Main flow)만 의 속도분포를 표시하고 실제의 흐름은 그 위에 난류의 불규칙한 운동이 더 첨가되는 것이므로, 정확한 속도분포는 시시각각 변화하고 있는 것으로 생각하지 않으면 안 된다.

이와 같이 흐름의 속도분포가 입구나 관내의 장애물로부터의 거리에 의하여 변화한다고 하면, 직관은 일정한 수량이 흐르는 경우라 할지라도 각 단면에서의 속도의 제곱에 비례하는 속도수두 $v^2/2g$는 속도 분포의 여하에 의해 다소 증감한다. 이를 토대로 Nikuradse는 난류유동현상을 레이놀드수로 크게 변화시켜 가면서 측정하여 Prandtl의 1/7승 법칙에 의하여 다음의 난류유속분포를 도시하였다.

※ 완전발달된 난류유동일 때 속도분포

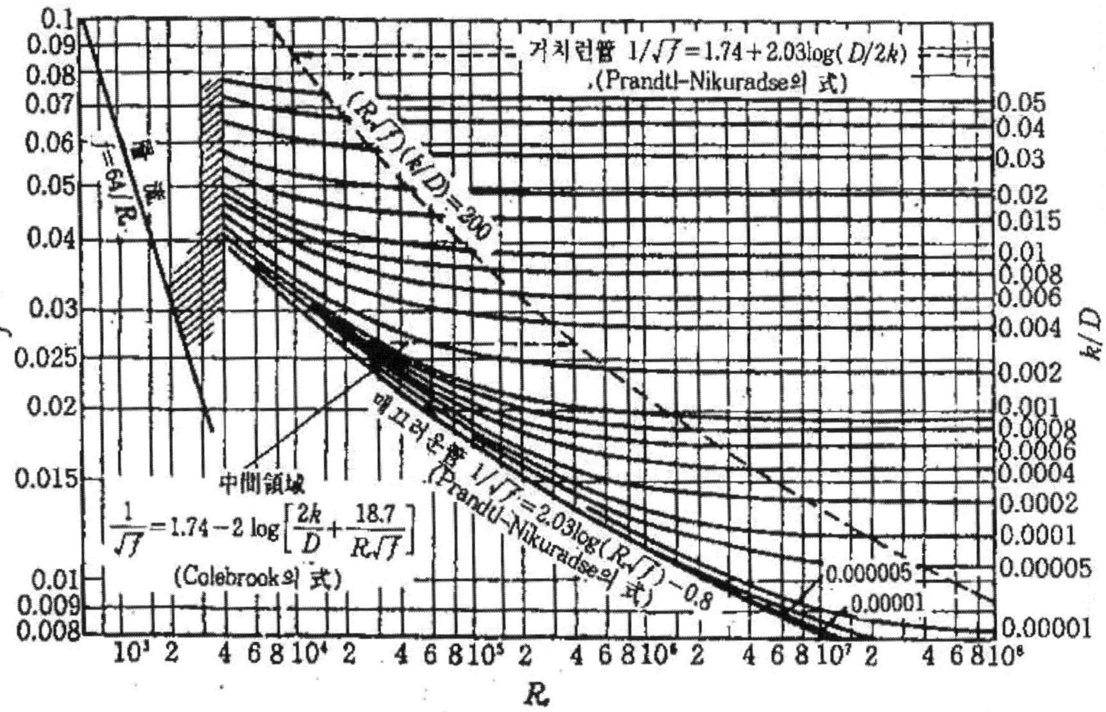

Prandtl은 벽면 근방에서 전단응력 τ는 일정한 값, 즉 $\tau = \tau_w$ 로 가정하였다. 매끈한 원관인 경우 $k=0$ 과 벽면에서 y만큼 떨어진 유체에 생기는 전단응력을 적용하여 정리하면,

$$\sqrt{\frac{\tau_w}{\rho}} = ky\,d\frac{\bar{u}}{dy}$$ 로 되는데, ------- ⑨

이 값을 전단속도(Shear velocity) 또는 마찰속도(Friction velocity) u_*로 정의한다.

$$\sqrt{\frac{\tau_w}{\rho}} = u_*$$ ------- ⑩

따라서 식 ⑨는 $\frac{du}{u_*} = \frac{1}{k}\frac{dy}{y}$

윗 식을 적분하여, 무차원형태로 바꾸면,

$$\frac{du}{u_*} = \frac{1}{k}\ln y + c$$

$$\xrightarrow{\text{적분}} \quad \frac{u}{u_*} = \frac{1}{k}\ln\frac{u_* y}{\nu} + c' \quad , \; c' = c - \frac{1}{k}\ln\frac{u_*}{\nu}$$

실험에 의하면 매끈한 원관에 대한 Nikuradse의 실험은 $k = 0.4$, $c' = 5.5$를 주었다.
즉,

$$\frac{u}{u_*} = 2.5\ln\frac{u_* y}{\nu} + 5.5 \qquad \text{- - - - ⑪}$$

로 되는데, 윗 식을 속도분포의 대수법칙(Logarithmic law)이라 한다.

그리고 $\frac{u_* y}{\nu}$가 작은 벽면 근방에서는 유체흐름이 층류저층이므로 식 ⑪을 사용하는 것은 적합하지 않다.

벽면 근방에서 전단응력은 $\tau_w = \frac{u_* y}{\nu}$이므로, 식을 정리하면

$$\frac{u}{u_*} = \frac{u_* y}{\nu} \qquad \text{- - - - - - - ⑫}$$

그러므로, 난류에서의 유속분포를 정리해보면 다음과 같다.

1. 층류저층 ($0 \leq \frac{u_* y}{\nu} \leq 5$) ----- $\frac{u}{u_*} = \frac{u_* y}{\nu}$
2. 난류층 ($70 \leq \frac{u_* y}{\nu}$) ----- $\frac{u}{u_*} = 2.5\ln\frac{u_* y}{\nu} + 5.5$

이 때의 유량(Q)는

$$Q = \frac{\pi \cdot D^2}{4} u_* \left(2.5\ln\frac{u_* y}{\nu} + 5.5\right) \qquad \text{- - ⑬}$$

<u>* 유량계의 눈금읽기</u>

유량은 부자의 맨윗부분이 지시하는 숫자가 유량이 된다.

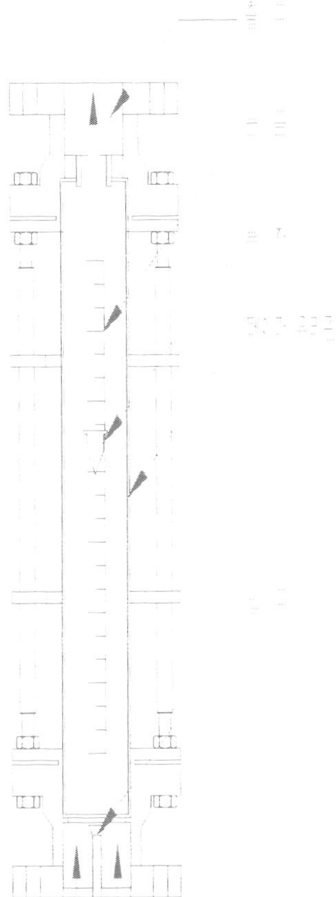

[그림 2] 부유식 유량계

8. 레이놀즈수 측정

1 개요

본 실험 장치는 원관 내의 실제 유체의 흐름에 있어서 층류 및 난류를 임의적으로 발생시켜 유체의 흐름 상태를 가시화하여 층류 및 난류의 유동상태를 확인할 수 있으며, 레이놀드수를 쉽게 계산할 수 있도록 설계 제작되었다.

레이놀드수의 측정은 원관 내의 흐름, 평판 상의 흐름, 개수로 흐름 등에서 중요한 측정중의 하나이며, 유체흐름의 기본적인 실험이다.

2 실험목적

실제 유체유동의 구분은 Reynolds수에 의해 층류(Laminar flow), 천이영역(Transition), 난류(Turbulent flow) 유동으로 나눈다.

층류는 유체 입자가 층을 이루면서 직선적으로 나아가며, 난류는 속도가 빨라지면서 유체입자가 불규칙운동을 하며 심한 운동량의 변화를 가진 유동이며, 천이구역은 층류와 난류 사이의 과도기적 흐름이다. 가시화된 Reynolds수 실험 장치를 통하여 이들 흐름을 확인하고 유동을 구분해 본다. 실험 장치에서 d는 일정하게 하고 v와 ρ를 변화시켜가며 고/저임계 레이놀즈수를 각각 측정해 보도록 한다.

층류는 분자의 운동량 교환만으로 인접층 위를 미끈하게 미끄러지는 층, 혹은 엷은 층상으로 유체가 움직이는 흐름이라 정의된다. 난류는 운동량이 강력한 횡단 교환으로 인해 유체 입자들이 불규칙적으로 운동한다. 흐름의 성질 즉, 층류인가 그리고 난류로부터 층류로 되려는 경향 등도 레이놀즈수에 의해 표현된다.

Osborne Reymolds는 두 개의 다른 흐름의 상태가 비슷할 때 해답을 구하기 위한 이들 방정식을 연구하였다.

두개의 흐름은 다음과 같은 경우에는 역학적 상사라 부른다.

(1) 기하학적으로 닮고 즉 대응하는 선형 차원이 일정한 비를 가지며

(2) 대응하는 유선들이 기하학적으로 닮거나 또는 대응점의 압력들이 일정한 비를 가지는 경우

두 개의 기하학적 상사를 이룬 흐름의 상태들을 생각할 때, 두 개의 흐름은 역학적인 상사성을 가진다고 했다. 일련의 방정식들의 질량, 깊이, 시간을 변

화시켜서 원방정식들과 동일하게 하는 조건들을 결정하여 레이놀즈는 두 경우 꼭 같아지는 무차원항인 $\frac{vd\rho}{\rho}$를 발견하였다. (단, v:평균속도, d:관의 내경, ρ:밀도, μ:점성계수) 식으로 나타내면 다음과 같다. 동점성 계수를 ν라 하면

$$N_R = \frac{vd}{\nu} = \frac{\rho vd}{\mu}$$

이 N_R의 값을 레이놀즈수라고 한다. 레이놀즈는 관에 연해서 압력강하를 측정한 결과 속도가 낮은 층류일 때의 압력 강하 ΔP는 v에 비례하여 이론식과 일치하지만 난류가 되면 ΔP는 v^n 에 비례하고, n은 2에 가까운 값임을 알았다. 층류에서 난류로 천이 될 때의 N_R값을 임계 레이놀즈수라고 한다.

N_R가 적으면 흐름은 교란을 일으켜도 물의 점성 때문에 없어져서 층류가 된다. 또 난류로 흐르던 것도 속도를 느리게 하면 층류로 다시 돌아온다. 이때 층류가 난류로 천이해 버리는 속도를 상임계 속도라고 하며, 반대로 난류가 층류로 돌아오는 N_R의 값의 가장 적은 값을 저임계 Reynolds수라 말하며 약 2,000이 된다. 이것에 비해 층류에서 난류로 천이하는 N_R값은 약 2,000에서 10,000 또는 그 이상이 된다고 하며 이것을 고임계 Reynolds수라고 한다.

3 장치의 설치

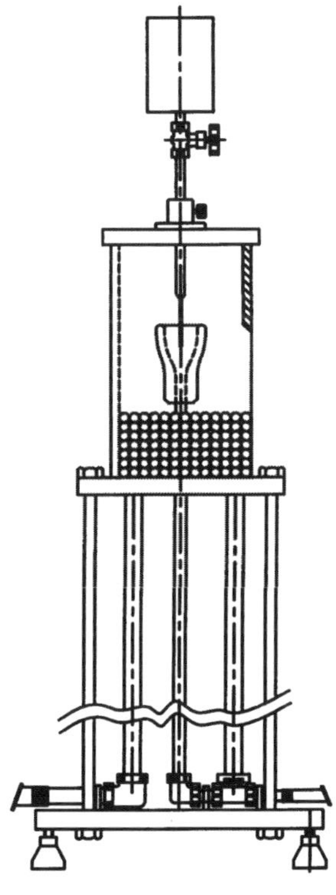

1) 배 관

- 급 수 : 급수호수를 수도에 연결한다.
- 배 수 : 배수호수를 배수관에 연결한다.

2) 배 선

- 본 장치는 전기배선이 불필요하다.

3) 주의사항

- 급수호수는 수도꼭지에 단단히 연결하여 수도밸브의 열림 시 호수가 빠지지 않도록 한다.
- 수평조절볼트 ⑤로써 장비의 수평을 맞춘다.

※사 양

1) 본 체

전체크기	: 360(W) x 360(D) x 1,300(H)mm
수조크기	: ψ160 x 300(H)mm
수조재질	: P.V.C판, 투명아크릴관 내부 - 에폭시 페인팅
측정관	: 내경 10 x 길이 700(L)mm
유량조절밸브	: 15A 게이트밸브
노즐	: 투명아크릴
색소니들	: 스테인레스관 - ϕ1.5
색소통	: 300cc
색소조절밸브	: 1/8 니들밸브
소파장치	: ψ12구슬
급수통	: 100(W) x 200(D) x 150(H)mm 재질 - PVC

2) 부속품

색소액	: 1000cc
호수	: 15A - 3M 25A - 3M

4 실 험 방 법

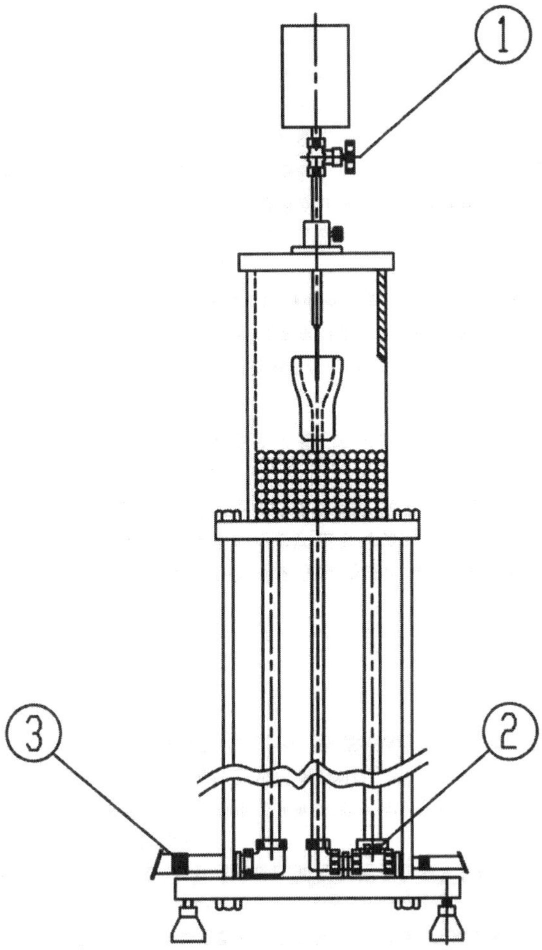

1) ②의 유량조절밸브가 완전히 닫혔는지 확인하고, ③의 급수밸브에 아답터를 연결한다.
2) 색소액 밸브를 완전히 잠그고, 색소액을 약 4/5정도 채운다.
3) 급수호수에 연결된 수도밸브를 열어 수조에 물을 공급하여 수면을 일정하게 유지하고, 유량조절밸브를 조금열어 측정관내에 흐름을 이루게 한다. (이 때, 약간의 물이 월류가 되도록 하여 월류 상태를 유지한다.)
4) 수면이 안정되고, 측정관내의 흐름이 일정하게 되었을 때, 색소액 밸브①를 서서히 열어 관내에 색소액이 흐르도록 하여, 색소액의 상태를 관찰한다.
5) 유량조절밸브②로서 적은 양의 물을 흘려보내 색소액의 상태가 관축에 평행한 일직선의 선상으로 흐르게하여, 이때의 색소유선을 관찰한다.

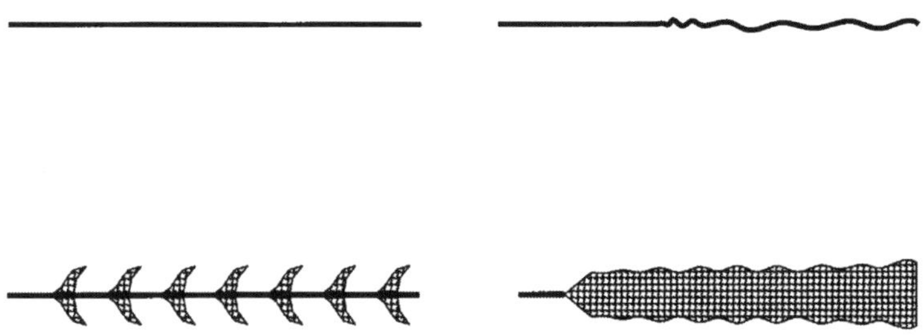

[측정관내 흐름]

이러한 흐름을 층류라 한다. 이때의 유량 Q_1을 측정한다. 유량조절밸브를 점차적으로 개방하면 색소유선은 분명한 일직선이 되지 않고 흔들리기 시작하는데 이때의 유속에 해당하는 것이 상임계 Reynolds수이다. 『그림』에서 a -> b 로 변하는 상태를 상한계 Reynolds수라 하는데, 이때에 유량 조절밸브를 통과한 물을 계량수조에 받아내고, 초시계로 시간을 재어서 측정물의 유량 Q_2을 산출한다.

6) 유량조절밸브②를 더 개방하면 색소유선은 완전히 흐트러지는데 이때가 난류 유동이다. 『그림』 d의 상태에서의 유량 Q_3을 산출한다.
7) 유속을 충분히 크게 하여 완전한 난류상태로 만든 후, 유량조절밸브를 서서히 닫아 유속을 점차 감소시키면 색소 유선이 흐트러진 상태에서 직선으로 변하기 시작하는데 이때가 하임계 Reynolds수이다. 이때의 유량 Q_4을 측정한다.
8) 수조내의 온도를 확인한다.
9) 위의 1) ~ 8) 과정을 반복하여 실험한다.

5 실험이론 및 계산

· 층류 (Laminar flow)

: 유체의 입자가 서로 층을 이루면서 일정하게 흐르는 상태

· 천이구역

: 층류와 난류의 중간영역으로 층류흐름에서 난류흐름이 시작되는 단계까지의 구역

· 난류 (Turbulent flow)

: 유체의 입자가 아주 불규칙한 운동을 서로하여 아주 심한 운동량의 변화를 일으키면서 흐르는 상태

Reynolds는 유속 V , 동점성계수 ν , 직경 D로써 층류와 난류를 구분하기 위하여 다음과 같이 무차원수인 Reynolds수를 제안하였다.

$$Re = \frac{\rho VD}{\mu} = \frac{VD}{\nu} \text{ ----------}\rightarrow \quad (1)$$

여기서,

$$\frac{\mu}{\rho} = \nu$$

ρ : 유체의 밀도 (kg/m^3)
V : 유체의 평균속도 (m/s)
D : 관의 직경 (m)
ν : 동점성계수 (m^2/s)
μ : 점성계수(kg/ms)

층류 .... Re < 2100

천이구역 .... 2100 < Re < 4000

난류 .... Re > 4000

하임계 레이놀드수 2100

상임계 레이놀드수 4000

$$V = \frac{Q}{A} \text{ ------------}\rightarrow \ (2)$$ 여기서,

V : 유체의 평균속도 (m/s)

Q : 유체의 평균유량 (m^3/s)

A : 측정관의 단면적 (m^2)

D : 측정관의 직경 (0.010 m)

그러므로,

$$V=\frac{4Q}{\pi D^2}=\frac{4Q}{\pi\times 0.010^2}=12732.39545Q\ [m/s]$$

온 도 ℃	비중량 γ (N/m^3)	밀도 ρ (kg/m^3)	점성계수 $\mu\times 10^{-3}$ ($kg/m\cdot s$)	동점성계수 $\nu\times 10^{-6}$ (m^2/s)	표면장력 $\sigma\times 10^{-2}$ (N/m)
0	9805	999.9	1.792	1.792	7.62
5	9806	1000.0	1.519	1.519	7.54
10	9803	999.7	1.308	1.308	7.48
15	9798	999.1	1.140	1.141	7.41
20	9789	998.2	1.005	1.007	7.36
25	9779	997.1	0.894	0.897	7.26
30	9767	995.7	0.801	0.804	7.18
35	9752	994.1	0.723	0.727	7.10
40	9737	992.2	0.656	0.661	7.01

[물의 물리적성질(SI단위)]

* 실험식의 계산시 유의사항 *

실험식을 적용할 때 단위에 유의하며 모든 단위는 미터로 환산한다.

ex)1. 실린더에 시험한 물을 받아서 실측한다. 시간과 유량을 계산한다.
2. 유리관에서의 유속 (D=10㎜)

$Q=AV$ $V=\frac{Q}{A}$ 에서

$A = \frac{\pi D^2}{4}$ 이므로 $\frac{(0.010m)^2 \times \pi}{4} = 7.85398 \times 10^{-5}$ $[m^2]$

$Q = 2 \times 10^{-5}$ $[m^3/s]$ 이라면,

$V = \frac{Q}{A}$ $V = \frac{2 \times 10^{-5} m^3/s}{7.85398 \times 10^{-5} m^2} = 0.25467$ $[m/s]$

이 때 물의 온도가 측정 결과 10℃ 였다면 물의 동점성 계수

$\nu = 1.31 \times 10^{-6}$ $[m^2/s]$

* $Re = \frac{Vd}{\nu}$ 에서,

동점성계수(ν) = 1.31× 10-6
유 속 (V) = 0.264m/s
관 직 경 (D) = 0.010 m

* $Re = \frac{0.25467 \times 0.010}{1.31 \times 10^{-6}} = 1944.045$

레이놀드 수가 Re < 2100 이므로 층류 상태에서의 레이놀드 수가 된다.

7 실험결과의 정리

위의 식에 각각 측정된 속도 및 동점성계수의 평균치를 대입하여 고/저임계 레이놀즈수를 계산한다.

실험결과 보고서

실험제목 : Reynolds Number Experiment

실 험 자 : 기계과 2학년 반 학번 성명

실험일자 : 년 월 일

실험수온 : ℃ 비중 :

구 분		층 류	천 이 1	천 이 2	난 류
형 태 (모 양)					
측 정 시 간 (초)					
유 량 측 정	1회				
	2회				
	3회				
	4회				
	5회				
유량측정 합계					
유량측정 평균					
초당중량유량 (g/s)					
초당체적유량(m^3/s)					
속 도 (m/s)					
레이놀즈수 (Re)					

참 고 : D = 0.026 m

물 1g = 1×10^{-6} m^3

물의 동점성계수 1×10^{-6} m^2/s (20℃인 경우)

9. 베르누이 정리 실증

1 실험목적

실험을 통하여 베르누이 정리와 에너지 보존의 법칙을 증명하고 풍량과 공기유속을 측정한다.

2 실험장치

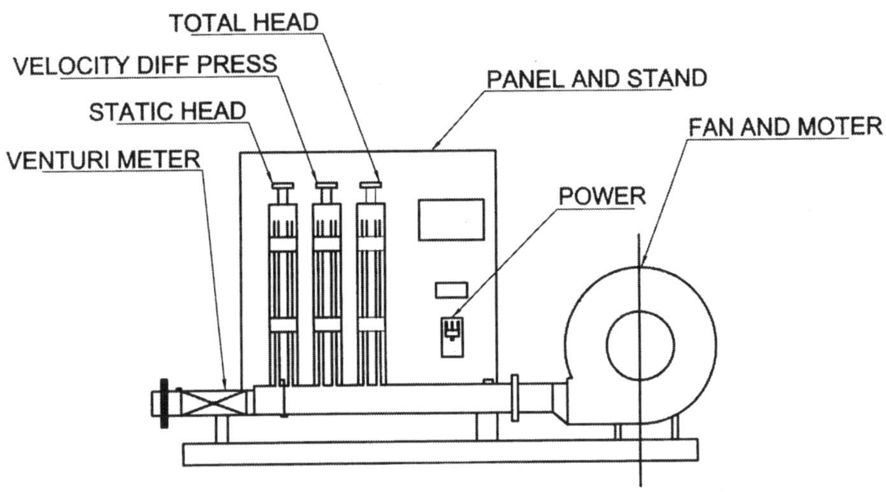

PANEL AND PRESSURE TAPS CONNECTIONS

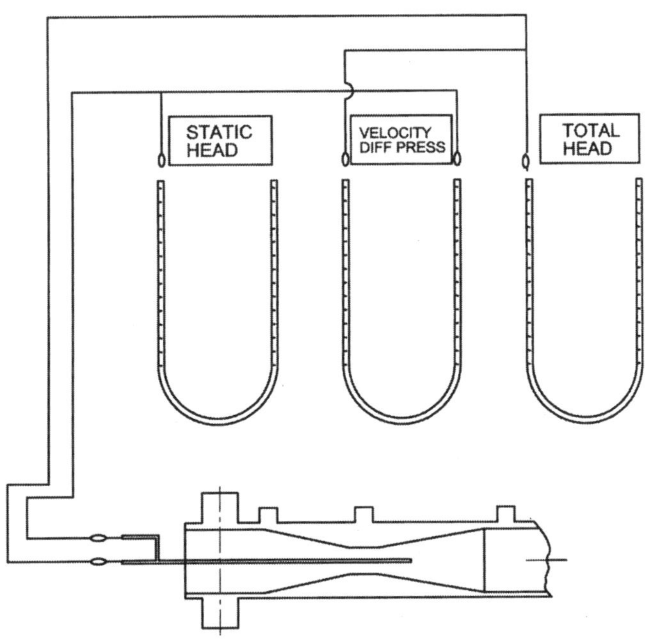

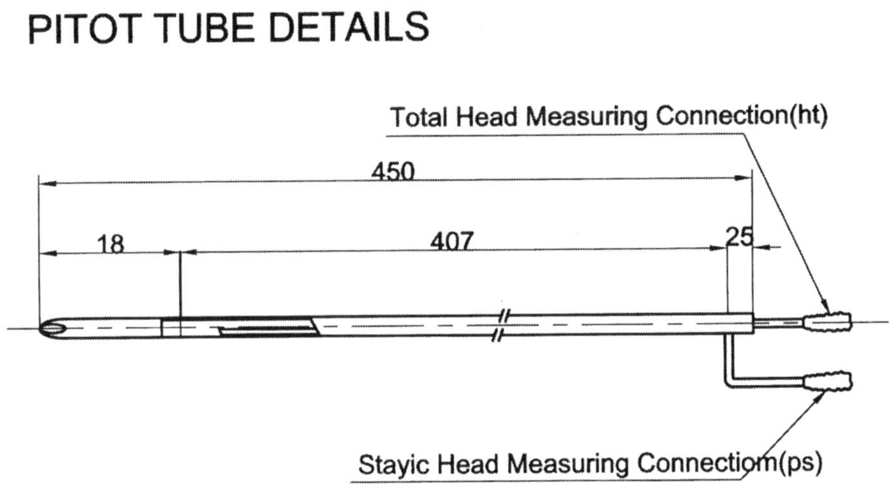

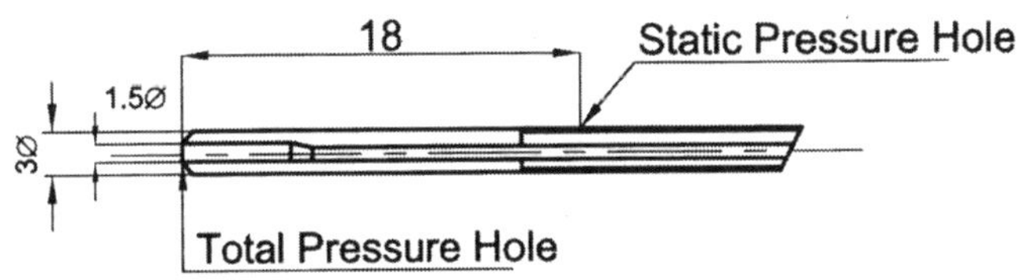

3 실험방법

피토관에서 피토관의 돌출길이(Lo), 전수두(Ht), 정압수두(Hs), 속도수두(Hv)를 측정한다.

4 관계 계산식

1) 피토관의 설치위치 ($Ls, \quad mm$)

$$Ls = Lp - Lo$$

Ls : 벤튜리관에서 피토관까지 설치위치
Lp : 피토관의 전 길이
Lo : 벤튜리관의 끝에서 부터 피토관의 돌출길이

2) 피토관에서 동압 ($Pv, \quad kg/m^2$)

$$Pv = k \times Hv$$

여기서

$$k = \frac{1kg/m^2}{mmH_2O}$$

Hv : 피토관에서 속도수두 (mmH_2O)

3) 벤츄리관의 공기속도 (V, m/s)

$$V = \sqrt{\frac{2gP_V}{\gamma}}$$

γ : 공기의 비중량 (kg/m^3)
Pv : 벤츄리관의 동압 (kg/m^2)

4) 벤츄리관을 통과하는 풍량 (Q, m^3/s)

$$Q = \frac{\pi d^2}{4} \times V$$

d : 벤츄리관의 직경 (목의 직경 0.025 m, 입구의 직경 0.05 m)
V : 벤츄리관의 공기속도 (m/s)

5) 벤츄리관의 레이놀즈수 (Re)

$$Re = \frac{dV}{\nu}$$

d : 벤츄리관의 직경 (m)
V : 벤추리관의 공기속도 (m/s)
ν : 공기의 동점성계수 (m^2/s)

☞ 공기의 비중량 및 동점성계수

온 도 (℃)	비 중 량 (kg/m^3)	동점성계수 (m^2/s)
0	1.293	0.133×10^{-4}
10	1.247	0.142×10^{-4}
20	1.205	0.151×10^{-4}
30	1.165	0.160×10^{-4}
40	1.128	0.170×10^{-4}

5 실험의 정리

실험한 측정값과 계산값을 실험 결과 보고서에 기록하고 벤튜리관 위치에 따라서 측정한 Ht, Hs, Hv등을 이용하여 계산된 값으로 그래프 용지에 점을 찍어서 곡선을 그린다.

실험결과 보고서

실험제목 : 베르누이정리 실증
실 험 자 : 기계과 2학년 반 학번 : 성명 :
온 도 : ℃
기 압 :

측정회수	Set	Manometer reading			Caiculation				
	Lo mm	*Hs* mmH_2O	*Hv* mmH_2O	*Ht* mmH_2O	*Ls* mm	*Pv* kg/m^2	*V* m/s	*Q* m^3/s	*Re*
1	102				330				
2	112				320				
3	122				310				
4	132				300				
5	142				290				
6	152				280				
7	162				270				
8	172				260				
9	182				250				
10	192				240				
11	202				230				
12	212				220				
13	222				210				
14	232				200				
15	242				190				
16	272				160				
17	302				130				
18	332				100				
19	362				70				
20	392				40				

9-1 베르누이 이론 실습장치

1 실험목적

실험을 통하여 베르누이 정리와 에너지 보존의 법칙을 증명하고 풍량과 공기 유속을 측정한다.

2 베르누이(Bernoulli)정리 이론과 계산과정

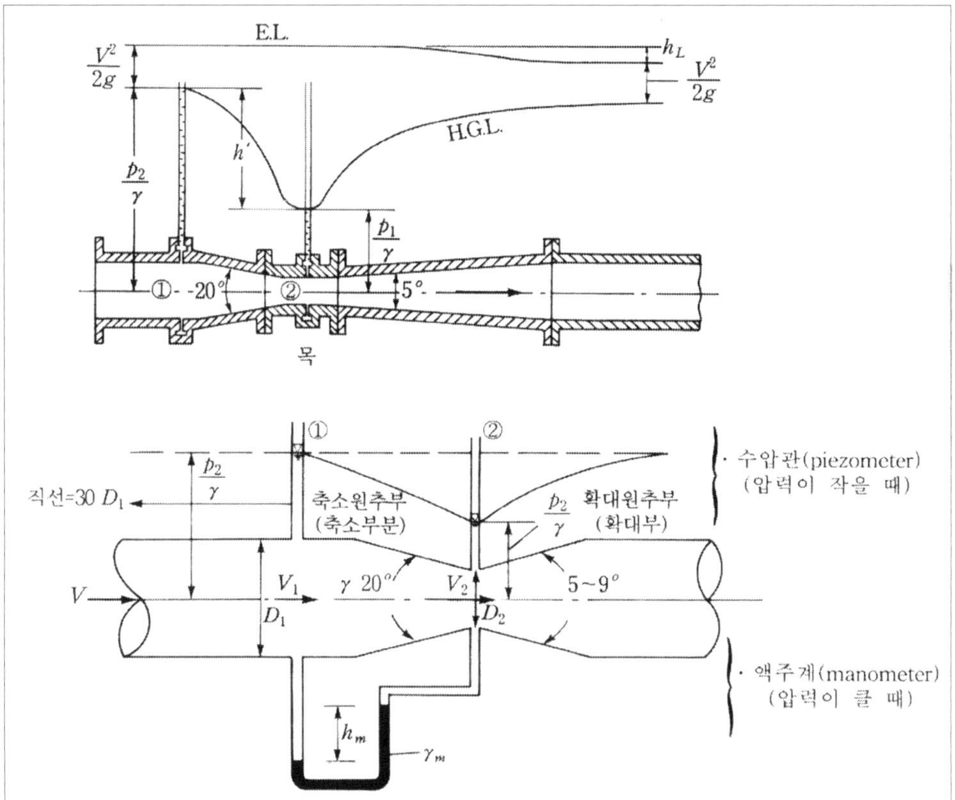

그림 1. 벤튜리미터의 주요부

<그림 1>에서 보는 바와 같이 벤튜리미터의 입구인 단면 D1과 목부인 단면 D2 및 확대부의 임의 단면 i 에서의 단면적을 각각 A1, A2, Ai라 하고, 각 단면에 세운 수압관(piezometer)의 높이가 각각 H1, H2, Hi 라 할 때 관로를 따라 흐르는 흐름의 에너지 손실이 없다고 가정하면 Bernoulli의 방정식은 식 1과 같다. 이번 실험을 통하여 운동에너지와 위치에너지의 합은 어느 위치에서 일정하다는 것을 확인해 보는 것이다.

$$\frac{V_1^2}{2g} + h_1 = \frac{V_2^2}{2g} + h_2 = \frac{V_i^2}{2g} + h_i \qquad (식\ 1)$$

여기서, V : 각 단면에서의 평균유속, A : 단면

이들 단면에서의 연속방정식 $V_1A_1 = V_2A_2 = V_iA_i = Q$ 에서 V1 을 V2 의 항으로 표시하여 (식 2)에 대입한 후 V2 에 관해 정리하여 다시 연속방정식을 적용하면 이론유량 Qt 는 다음과 같다.

$$Q_t = V_2A_2 = A_2\sqrt{\frac{2g(h_1 - h_2)}{1-\left(\frac{A_2}{A_1}\right)^2}} \qquad \text{(식 2)}$$

실제유체의 흐름에 있어서는 유체의 점성으로 인한 에너지 손실이 있을 뿐 아니라 각 단면에서의 유속이 균일한 분포를 가지지 않으므로 (식 2)에 의해 계산되는 이론유량보다 실제유량이 약간 적다. 그러므로 이들 간에는 유량계수 Cv를 도입해서 다음과 같이 보정한다.

$$Q_r = CA_2\sqrt{\frac{2g(h_1 - h_2)}{1-\left(\frac{A_2}{A_1}\right)^2}} \qquad \text{(식 3)}$$

벤튜리미터의 유량계수 Cv의 값은 두 단면(A1, A2)의 압력수두 차이를 측정함으로 구할 수 있으며, 계기의 종류나 유량에 따라 약간의 차이는 있으나 대략 0.93~0.98의 값을 갖는 것으로 알려져 있다. 한편 이 실험에서 아래의 계산과정에 따른 절차로 실습데이터를 처리한다.

1) 피토관의 설치위치 $Ls(mm)$는 아래와 같이 고려할 수 있으나 실습에선 간편하게 $Lo(mm)$를 사용하기로 한다.(그림 2 참조)

$Ls \ = \ Lp \ - Lo$

Ls : 벤튜리관에서 피토관까지 설치위치

Lp : 피토관의 전 길이(본 실험에선 270mm)

Lo : 벤튜리관의 끝에서 부터 벤튜리관내 피토관의 돌출길이

2) 피토관에서 동압 (Pv, kg_f/m^2)은 압력단위를 수두압차로 표시하므로

$Pv \ = \ k \ \times Hv$

여기서 $k \ = \ \frac{1kg_f/m^2}{mmH_2O}$, ($1atm = 10.33kg_f/m^2 = 10.33mH_2O$)

Hv : L-type pitot 관에서 속도수두 (mmH_2O)

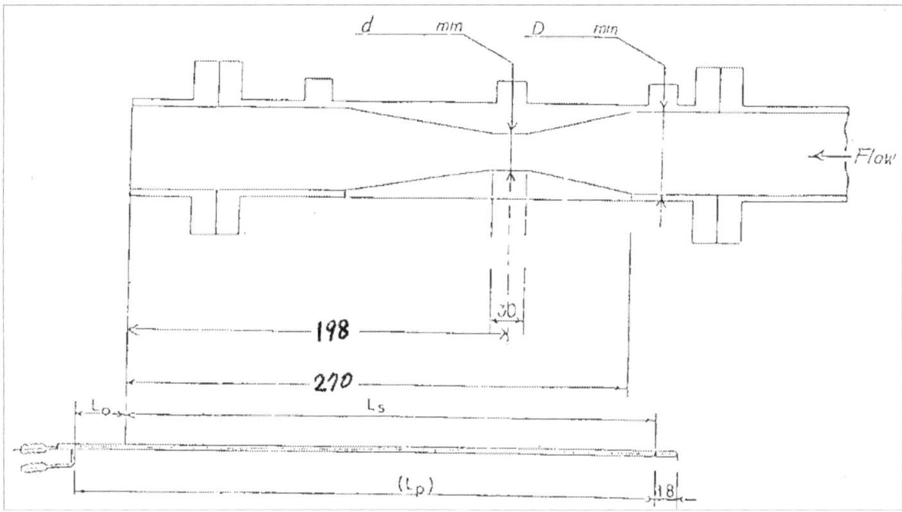

그림 2. 벤튜리관내 피토관의 길이에 따른 단면

3) 벤튜리관의 공기속도 (V, m/s) 계산과정은 다음과 같다.(그림3 참조)

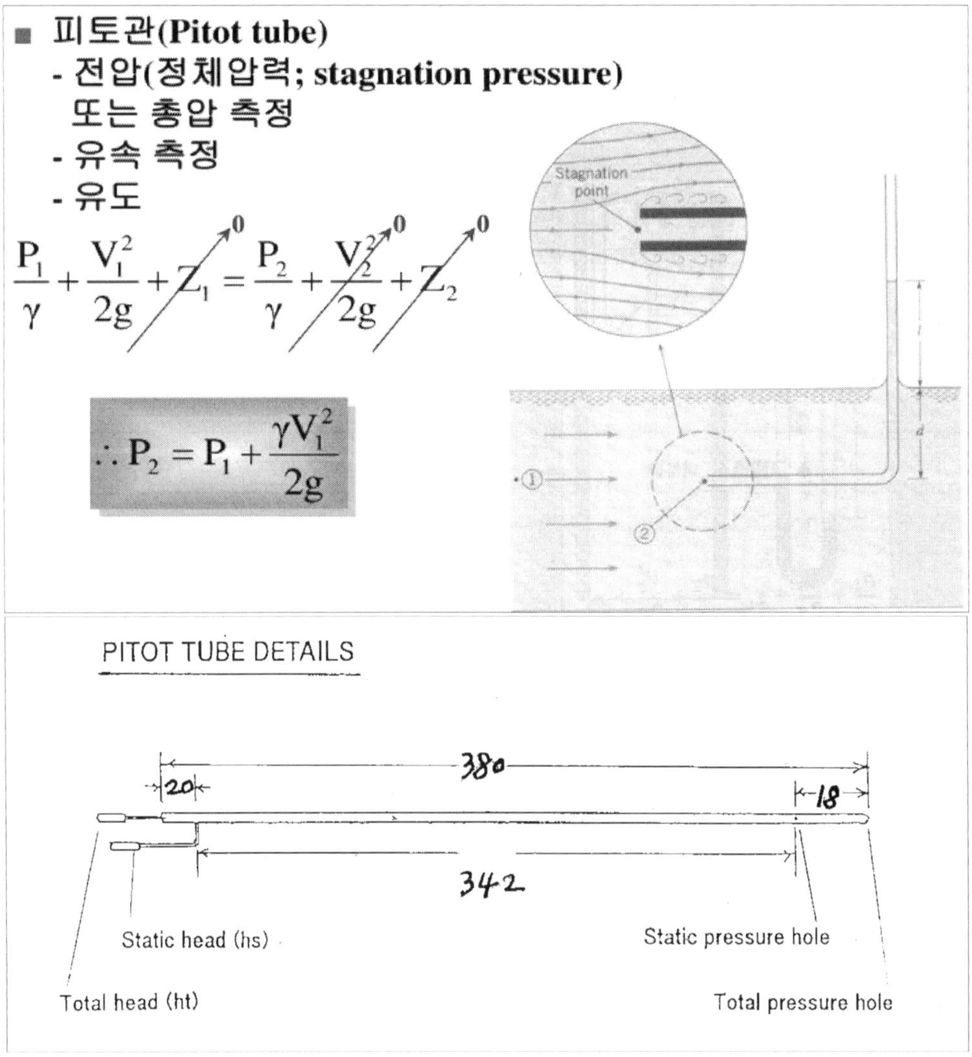

그림 3. 피토관에서의 유속측정원리

벤튜리메타의 압력차 속도, $V_{venturyhead} = \sqrt{\frac{2gP_V}{\gamma}} = \sqrt{\frac{2*9.8*132}{1.281}} = 44.96\ m/s$

U-tube에서 속도수두 계산, $V_{\in let,\ U-tube} = \sqrt{\frac{2gP_{U-tube}}{\gamma}} = \sqrt{\frac{2*9.8*17}{1.281}} = 16.1\ m/s$

U-tube 벤튜리목 수두속도, $V_{ventury,\ U-tube} = \sqrt{\frac{2gP_{throat}}{\gamma}} = \sqrt{\frac{2*9.8*153}{1.281}} = 49.2\ m/s$

γ : 공기의 비중량 (kg/m^3)

Pv : 벤튜리관의 동압 (mmH_2O) = L-type pitot tube관 수두차

P_{U-tube} : U-tube 입구와 목에서의 동압 (mmH_2O) = pitot tube관 수두차

4) 벤튜리관을 통과하는 풍량 (Q, m^3/s)

벤튜리메타의 유량, $Q_{ventury} = \frac{\pi d^2}{4} \times V_{v,\ head} = \frac{\pi \bullet 0.028^2}{4} \times 44.96 = 0.0277\,m^3/s$

U-tube에서 입구유량, $Q_{\in let} = \frac{\pi d^2}{4} \times V_{ventury\ \in let} = \frac{\pi \bullet 0.05^2}{4} \times 16.1 = 0.0316\,m^3/s$

벤튜리목유량, $Q_{throat} = \frac{\pi d^2}{4} \times V_{venturythroat} = \frac{\pi \bullet 0.028^2}{4} \times 49.2 = 0.03016\,m^3/s$

d : 벤튜리관의 직경 (목의 직경 0.028 m, 입구의 직경 0.050 m)

VL-type pitot head, ventury inlet, ventury throat :벤튜리메타수두,벤튜리관과 목의 속도(m/s)

5) 벤튜리관의 레이놀즈수 (Re) $Re = \frac{dV}{\nu}$

d : 벤튜리관의 직경 (m)

V : 벤튜리관의 공기속도 (m/s)

ν : 공기의 동점성계수 (m^2/s)

☞ 공기의 비중량 및 동점성계수

온 도 (℃)	비 중 량 (kg/m^3)	동점성계수 (m^2/s)
0	1.293	0.133 × 10^{-4}
10	1.247	0.142 × 10^{-4}
20	1.205	0.151 × 10^{-4}
30	1.165	0.160 × 10^{-4}
40	1.128	0.170 × 10^{-4}

3 실험장치

실험장치의 전면도는 아래 그림과 같다.

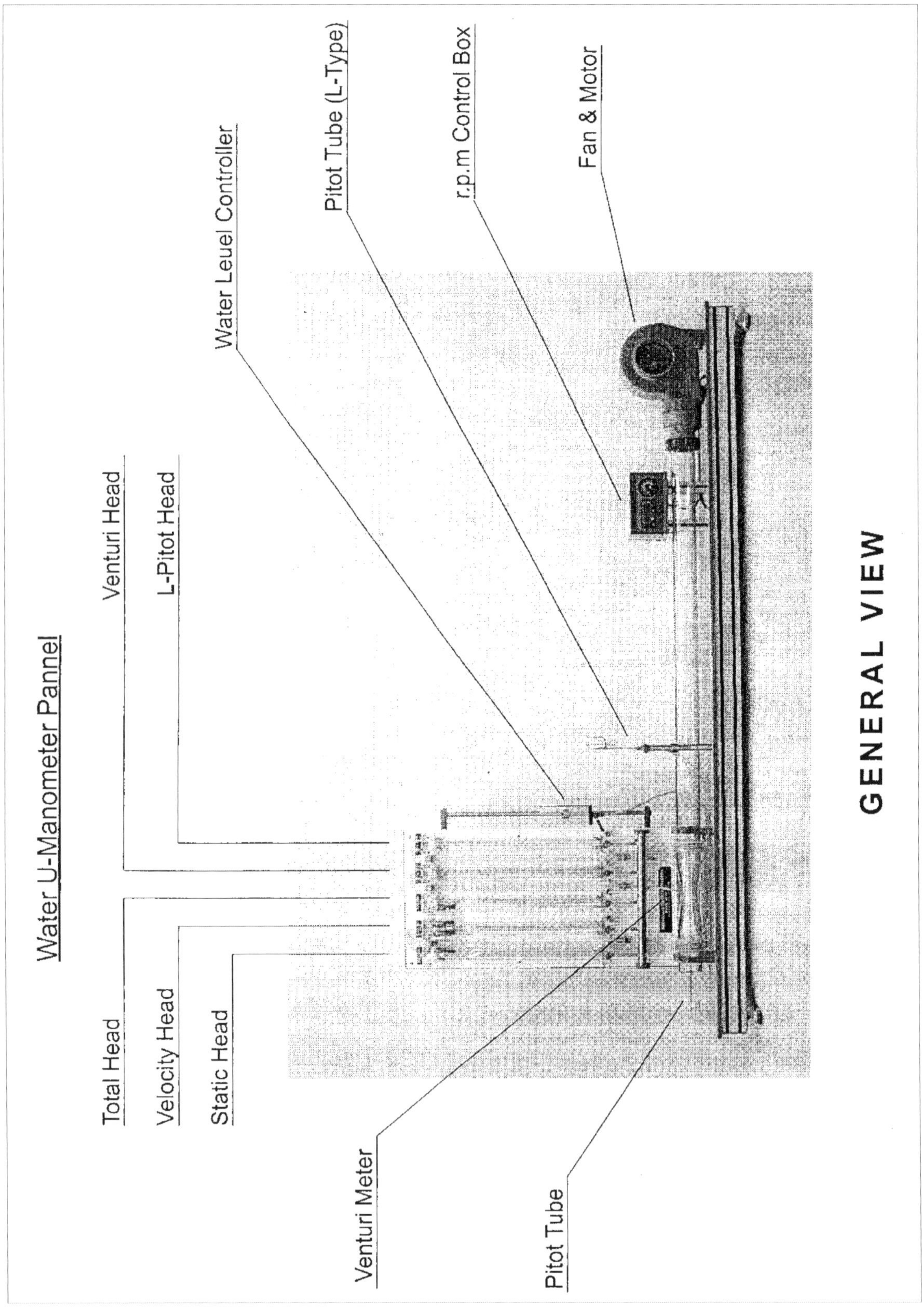

그림 4. 실험장치의 전면도

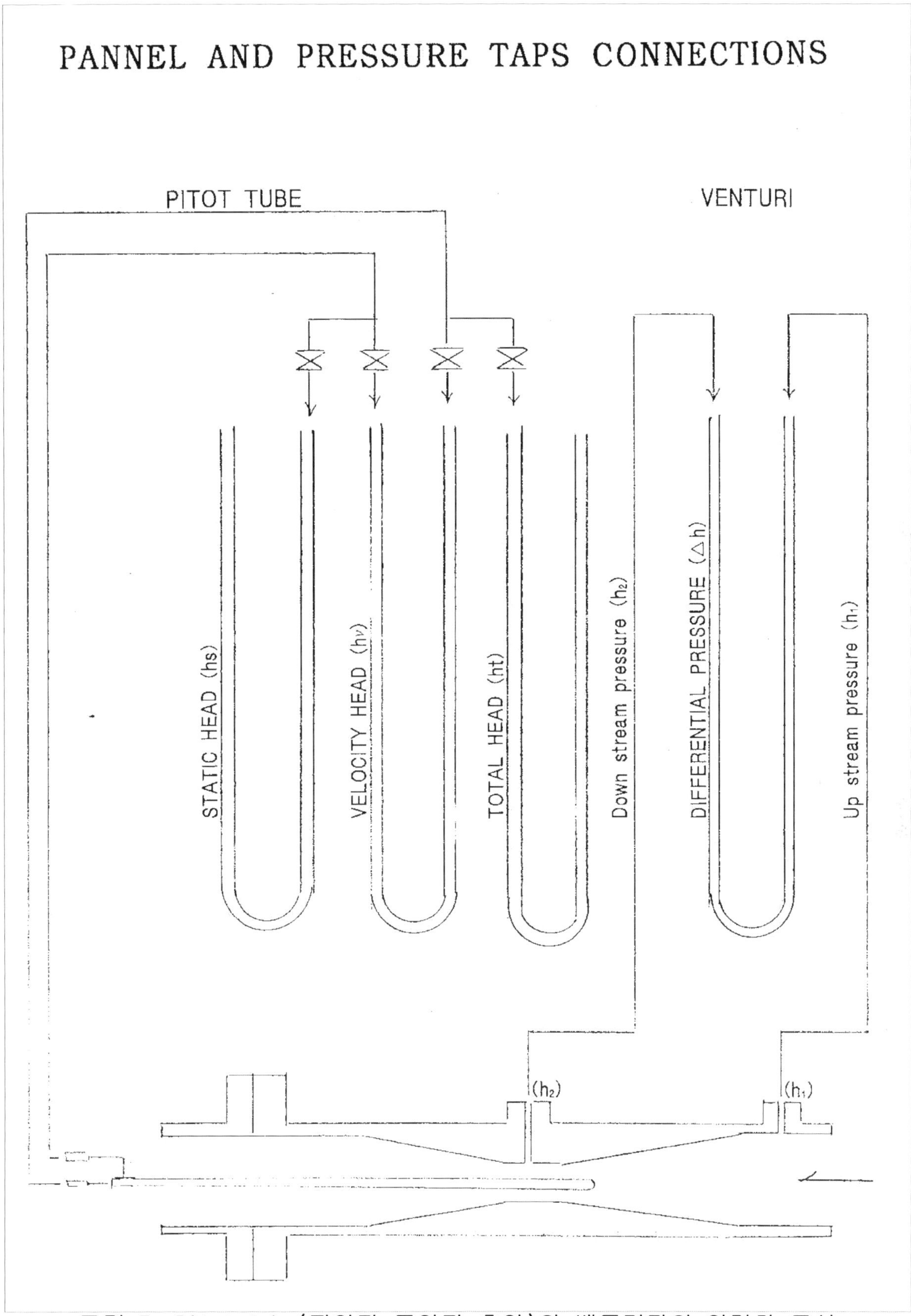

그림 5. Pitot tube(정압과 동압과 총압)와 벤튜리관의 압력차 도식
(이 그림에 없는 L-type Pitot Tube로 측정가능한 공기유속의 Head)

4 실험방법

1) 위 장치 전체도면(그림4)의 water level controller 로 U-마노메타를 0의 위치에 두도록 위아래로 조절하여 맞춘다.
2) Fan의 스위치를 켜고 RPM조절기로 3,500 rpm 이상이 나오도록 조절하고 steady state 상태로 충분하게 안정화되었을 때 RPM과 온도를 기록한다.
3) Ventury Meter왼쪽의 Pitot Tube를 끝까지 밀어넣은 다음 아래 그림 2와 같이 왼쪽 Pitot tube에서 벤튜리관 왼쪽의 길이를 측정용 길이자가 있으므로 잰다.(Lo를 기록한다. Lp=380mm로 고정되어 있다.)
4) 이때 피토관의 벤튜리관 왼쪽의 돌출길이(Lo), 전수두(Total head, Ht), 정압수두(Static Head, Hs), 속도수두(Velocity Head, Hv)를 측정한다.(그림 5 참조)
5) 공기의 유속을 측정하기 위하여 장치의 Pitot tube(L-type)의 head를 읽어 기록해 둔 후 유속측정에 사용한다.
6) 계속 Ventury Meter왼쪽의 Pitot Tube의 조금씩(약 18cm)씩 왼쪽으로 빼서 위의 3)과 4)의 값들을 기록한다.(그림2, 5 참조)
7) 기록한 표(뒤의 실험데이타를 참고하여 Total head = Static head + Velocity Head와 일치하는 지를 확인해 본다.) 동시에 속도 및 유량도 계산해 본다.

5 관계 계산식

계산과정은 이론부분을 참고한다.

6 실험의 정리

실험한 측정값과 계산값을 실험 결과 보고서에 기록하고 벤튜리관 위치에 따라서 측정한 Ht, Hs, Hv등을 이용하여 계산된 값으로 그래프 용지에 점을 찍어서 곡선을 그려서 각각의 수두차의 변화를 확인해 보면서 전체수두압이 속도수두압과 위치에너지(static head) 수두차의 합이 되는지를 여러지점에서 확인해 본다.

7 실험데이타와 그 결과

실험결과 보고서

실험제목 : 베르누이 이론 실습 실험일자 : 2018. 8. 4
실 험 자 : 과 학년 반 학번 : 실험자 : 삼진유니켐
온 도 : 26 ℃
회전수 : 3850 RPM (그림 4의 RPM지시계)
L-type Pitot tube 수두차 : 17 mmH20(그림 4의 L-pitot Head)
Ventury Tube Head : 132 mmH20(그림 4의 Ventury Head)

측정회수	Set	Manometer reading 그림4의 왼쪽U-tube 3개)			Calculation			
	Lo mm	*Ht* mmH_2O	*Hs* mmH_2O	*Hv* mmH_2O	*Ls* mm	*Hv=Pv* mmH_2O	*공기 V* m/s	*유량 Q* m^3/s
1	0	52	34	17	270	17	16.1	0.0316
2	18	52	35	17	252	17	16.1	
3	36	52	35	17	234	17	16.1	
4	54	52	31	19	216	19	16.1	
5	72	52	19	31	198	31	16.1	
6	90	52	-17	67	180	67	16.1	
7	108	52	-87	138	162	138	16.1	
8	126	52	-102	153	144	153	16.1	0.03016
9	144	51	-99	151	126	151	16.1	
10	162	51	-58	109	108	109	16.1	
11	180	51	-32	81	90	81	16.1	
12	198	51	-22	73	72	73	16.1	
13	216	51	-18	68	54	68	16.1	
14	234	51	-13	62	36	62	16.1	
15	252	48	-9	55	18	55	16.1	
16	270	45	-5	48	0	48	16.1	

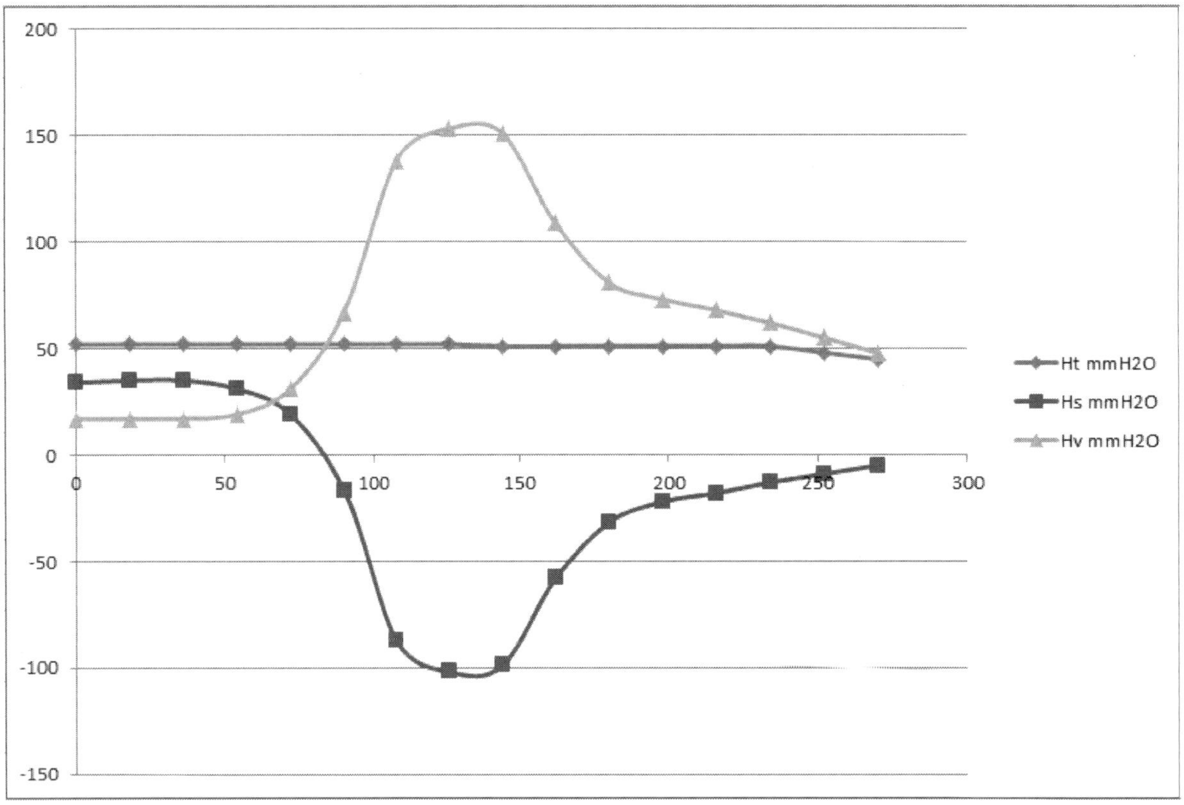

그림 6. 벤튜리튜브의 길이에 따른 Ht, Hs, Hv의 수두차이 변화 데이터

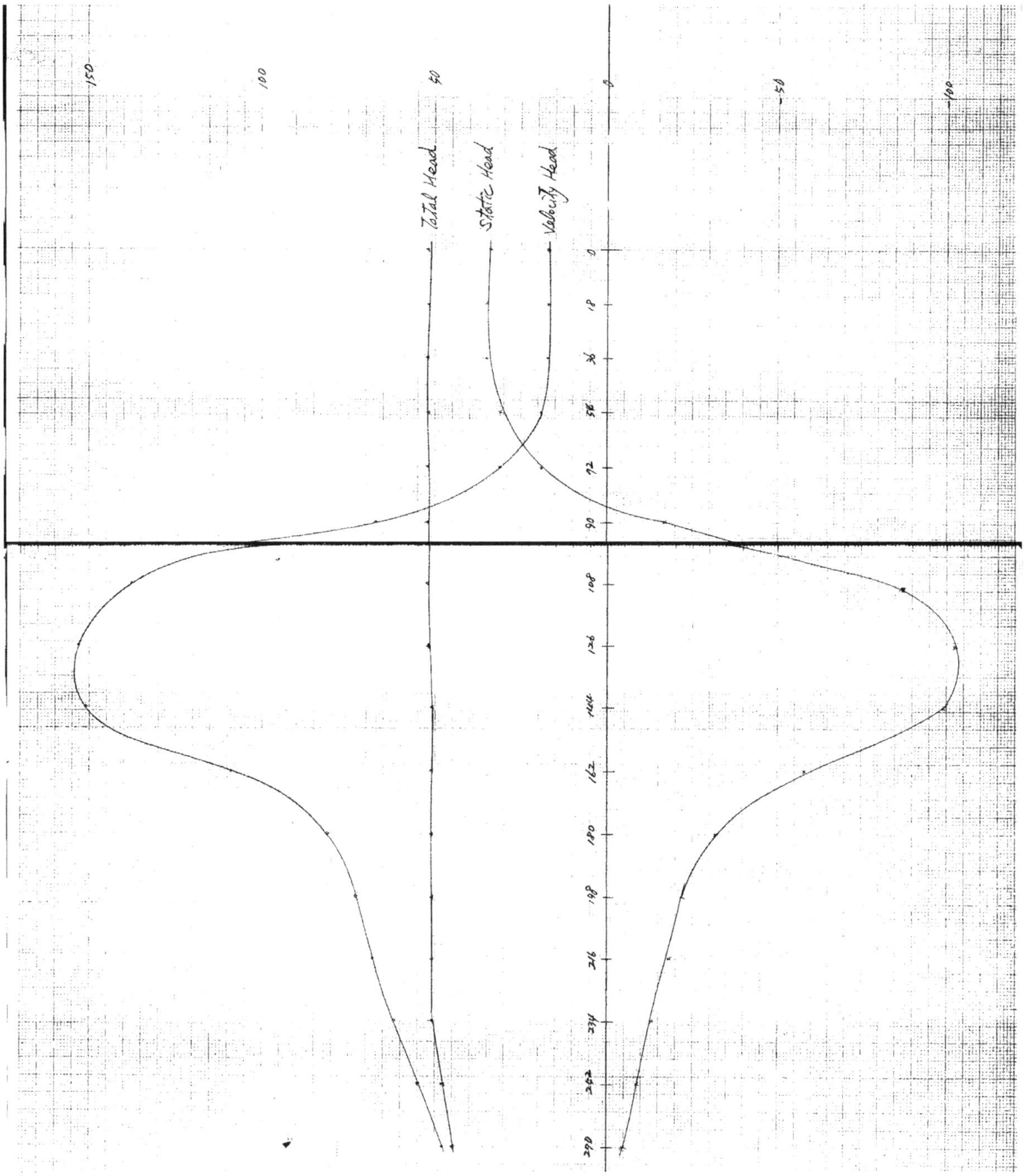
Total Head
Static Head
Velocity Head
150
100
50
0
50
100

8 실험결과 보고서 양식

실험결과 보고서

실험제목 : 베르누이 이론 실습 실험일자 : 20 . .

실 험 자 : 과 학년 반 학번 : 실험자 :

온 도 : ℃

회전수 : RPM (그림 4의 RPM지시계)

L-type Pitot tube 수두차 : mmH20(그림 4의 L-pitot Head)

Ventury Tube Head : mmH20(그림 4의 Ventury Head)

아래 표에 실험값을 측정한 후에 길이에 따른 그래프를 그려봅니다.

측정회수	Set	Manometer reading 그림4의 왼쪽U-tube 3개)			Calculation			
	Lo mm	*Ht* mmH_2O	*Hs* mmH_2O	*Hv* mmH_2O	*Ls* mm	*Hv=Pv* mmH_2O	*공기 V* m/s	*유량 Q* m^3/s
1								
2								
3								
4								
5								
6								
7								
8								
9								
10								
11								
12								
13								
14								
15								
16								

부록 : 벤튜리튜브 길이에 따른 Ht, Hs, Hv의 수두차이 변화 입력표

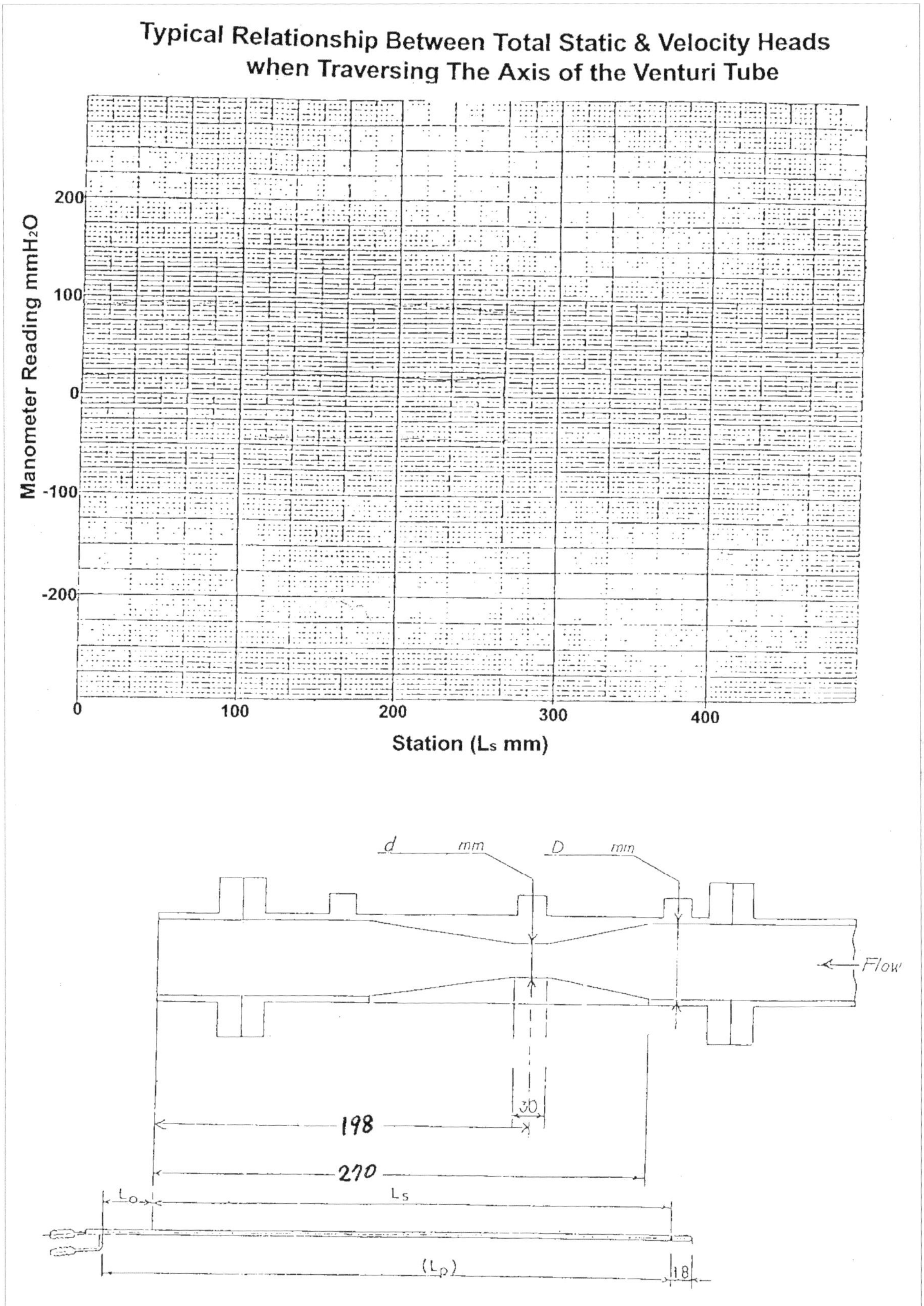

10. 수리실험대

[1] 개 요

본 실험 장치는 간단한 수리실험장치 (예, Jet Impact unit, Orifice meter unit, Pipe flow friction unit 등)에 연결하며 필요한 유체의 공급 및 계측, 계량을 할 수 있도록 제작 된 수리실험의 기초적인 장치이다. 본 장치의 구성은 저수조와 실험수를 공급하는 펌프, 유량조절용 밸브, 각종 실험 장치에 연결하여 쓸 수 있는 유니온과 실험 장치에서 나온 물을 계량 할 수 있는 삼각 및 사각위어와 계량수로 등으로 구성되어 있다. 본 장치는 다음과 같은 각종 수리 실험장치와 연결하여 사용할 수 있도록 설계 제작되었다.

. 분류 충격 장치 (Jet Impact Unit) : HD- 2
. 오리피스 유출 실험장치 (Orifice Meter Unit) : HD - 3
. 유량 측정장치 (Flow Measuring Unit) : HD - 4
. 오리피스 자유분출장치 (Orifice Free Jet Unit) : HD - 5
. 레이놀즈수 측정장치 (Reynolds Number Unit) : HD - 6
. 부체안정시험장치 (Stability of floating Body Unit) : HD - 7
. 벤츄리관 실험장치 (Venturi Meter Unit) : HD - 8
. 관마찰 실험장치 (Pipe flow Friction Unit) : HD - 9
. 관로마찰 실험장치 (Pipe Network Friction Unit) : HD - 10
. 볼텍스 실험장치 (Vortex Unit) : HD - 11
. 개수로 실험장치 (Open Channel Unit) : HD - 12
. 펠톤수차 실험장치 (Pelton Wheel Unit) : HD - 13
. 가시화장치 (Flow Visualation Unit) : HD -14

[2] 장치의 설치

1) 배 관

- 급 수 : 수리실험대의 배수밸브⑥이 잠겨있는지 확인한 후 급수관⑧에 급수호스를 고저수조 수위창⑦을 보면서 물을 4/5정도 채운다.
- 배 수 : 배수 시는 배수관⑤에 배수호스를 연결하여 ⑥의 배수밸브를 열어 완전히 배수시킨다.

2) 배 선

본 장치는 AC 220V, ∅1, 5A의 용량으로 되어있다.

입력선을 AC220V, 60Hz, 단상의 전원콘센트에 연결한다.

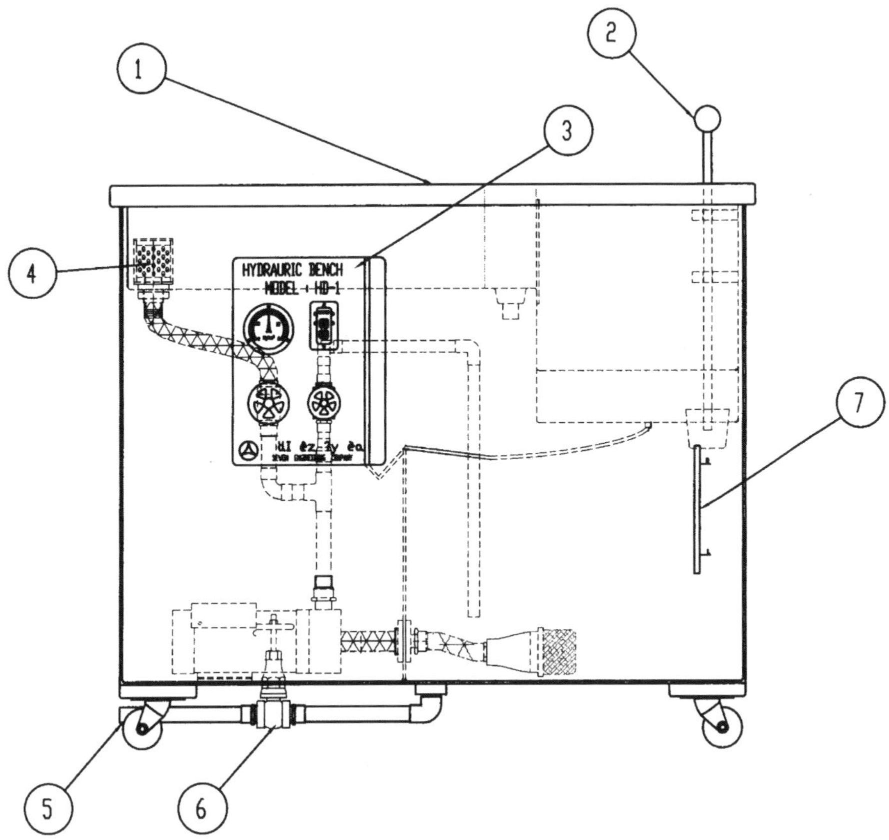

[배관도]

3 사 양

1) 본 체

크기 : 1,270(W) x 720(D) x 1080(H)mm

재질 : FRP , PVC

펌프 : 유량 - 4,500 l/h (수두 = 5m일 때)

최대양정 - 8m

형식 - 마그네틱 펌프

전원 - AC 220V , 60 Hz , 단상

저수조 : 160 liters

계량수조 : 48 liters, 9.3 liters

원터치 커플링 : 유체실험 유니트의 유량공급 커플링

유량조절밸브 : 25A 게이트밸브

BY-PASS밸브 : 25A 게이트밸브

외부보조밸브 : 25A, 관로마찰 실험장치(HD-10) 및 개수로 실험장치(HD-12)

배수밸브 : 15A, 게이트밸브

바퀴 : 3 x 4개

2) 부속품

삼각위어 : 1 개

사각위어 : 1 개

포인트게이지 : 1 개

4 실 험 방 법

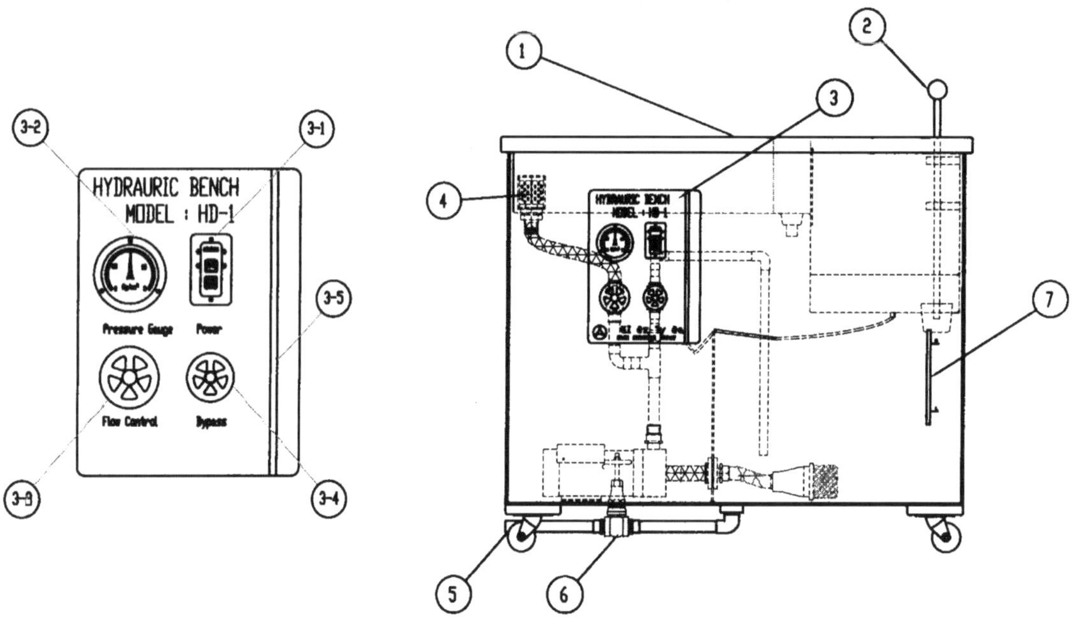

[전체도]

1) 실험하고자 하는 실험 장치를 상판①에 올려놓고 실험장치의 배수관은 계량수로 내에 떨어지도록 정치시켜 배수된 물이 위어를 통하여 유량을 측정할 수 있도록 한다.
2) 위어실험 시 정류캡④을 사용하고 다른 실험 장치를 사용할 경우 퀵 커플링으로 교체 한 후 연결한다.
3) 수리실험대의 Control panel③에서 전원 스위치를 켜 펌프를 작동시킨다.
4) 실험 장치에 유입되는 유량을 확인한 후 유량조절밸브(3-1)를 조절하여 유량을 조절한다.

5) 실험유량이 작을 겨우 Bypass밸브(3-4)를 개방시켜 펌프에 무리가 가지 않도록 한다. 이 때 각종 실험장치의 배수된 물이 본 장치의 위어수조 및 계량수조에 정상적으로 순환되는가를 확인한다. 이 때 계량수조 배수밸브 ②는 완전히 열어 놓는다.
6) 실험 장치에 유입되는 유량을 계산할 때는 계량수조의 배수밸브②를 완전히 닫고 Control panel내의 수주계의 눈금을 읽어 수주의 증가분을 기록한 후 시간당 유량을 계산한다.
 또한 위어로써 측정할 경우 포인트 게이지로 삼각위어나 사각위어의 H를 측정 한 후 기록하여 계산식에 의하여 계산한다.
7) 각종 실험장치의 DATA를 기록한다.
8) 초시계를 눌러 실험시간을 기록하고, 의 눈금을 읽어 계량된 물의 양을 동시에 기록한다.
9) 실험 후 물은 완전히 배수시킨다.

** 주의사항 **

1) 운전 중 유량조절밸브를 완전히 잠그면 펌프모터에 과부하가 걸리므로, 완전히 잠글 때는 모터를 정지시키거나 Bypass 밸브를 열어놓는다.
2) 모터를 기동하기 전에 반드시 저수조에 물이 4/5정도 차 있는지를 확인한다.
3) 실험이 끝나면 계량탱크의 물을 완전히 빼고, 각부를 깨끗이 닦는다.
특히, 겨울철에는 결빙의 우려가 있으므로 주의하여 청소한다.

5 실험이론 및 계산

1) 계량수조의 유량측정
측정한 체적 V_1, V_2 를 기록하여 계산한다.
측정시간 t와 체적 V_1, V_2 로써 유량을 계산한다.

$$Q = \frac{V_1 - V_2}{t} \quad (l/\sec)$$

여기서,
Q : 측정유량 (l/sec)
V_1 : 초시계로 시간을 측정했을 때의 유량(리터 l)
V_2 : 초시계가 "0"초 이때의 유량(리터 l)
t : 측정시간(sec)

2) 삼각위어에 의한 유량측정

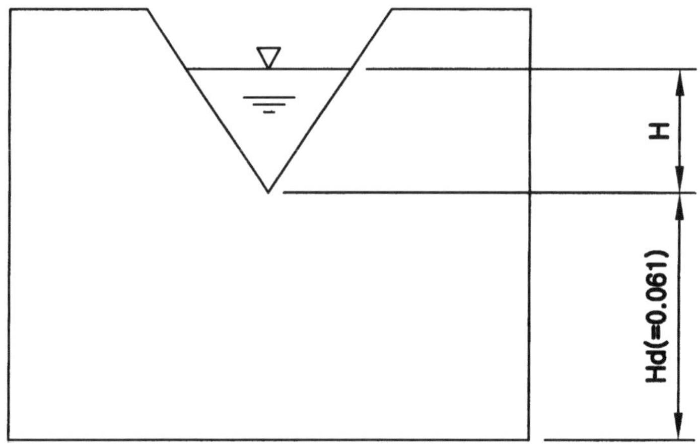

[삼각위어]

$$Q_1 = CH^{5/2} \quad (m^3/s) \qquad (1)$$

$$C = 1.354 + \frac{0.004}{H} + \left(0.14 + \frac{0.2}{\sqrt{Hd}}\right)\left(\frac{H}{B} - 0.09\right)^2 \qquad (2)$$

여기서,

Q_1 : 유량 (m^3/s)
H : 월류수심 (m)
C : 유량계수
H_d : 바닥에서 위어 마루까지의 높이 $(H_d = 0.061m)$
B : 수로폭 $(B = 0.25m)$

위 식으로 계량수조의 유량 Q와 삼각위어의 유량 Q_1을 비교한다. 그리고, 수위 - 유량곡선 ($H-Q$, 곡선, $H-Q_1$곡선)을 작성한다.

3) 사각위어에 의한 유량측정

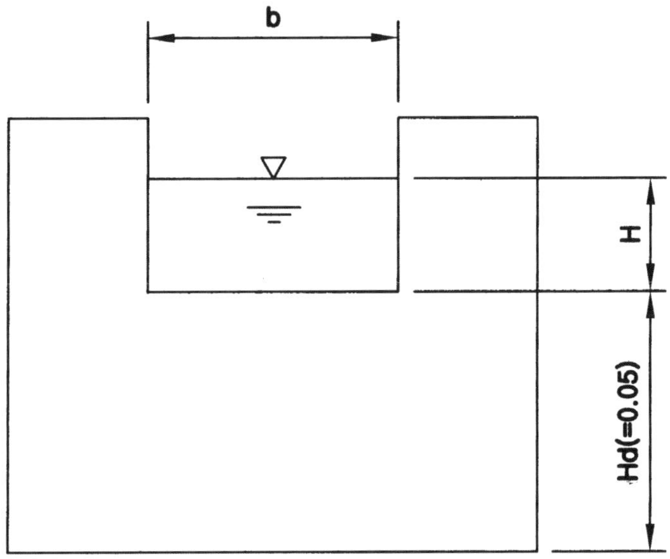

[사각위어]

$$Q_2 = CbH^{3/2} \quad (m^3/\sec) \qquad \text{(3)}$$

$$C = 1.785 + \frac{0.00295}{H} + 0.237\frac{H}{Hd} - 0.428\sqrt{\frac{(B-b)H}{BHd}} + 0.034\sqrt{\frac{B}{Hd}} \qquad \text{(4)}$$

여기서,

Q_2 : 유량 $(m^3/\sec)$
C : 유량계수
b : 위어폭 $(0.04m)$
H : 월류수심 (m)
B : 수로폭 $(0.25m)$

위 식으로 계량수조 유량 Q와 사각위어유량 Q_2를 비교한다.
그리고, 수위 - 유량곡선 ($H-Q$, 곡선, $H-Q_2$곡선)을 작성한다.

6 실험 DATA 표

실 험 명 : 유 량 측 정 실 험　　　실 험 자 :　　　　　학 번 :

장 비 명 : 수 리 실 험 대　　　　실 험 일 자 :　　　　년　　　월　　　일

실험명 / 번호	계량수조				삼각위어					사각위어			
	V_1(ℓ)	V_2(ℓ)	t(sec)	Q (m^3/s)	H(m)	$H^{5/2}$	C	Q_1 (m^3/s)	$Q-Q_1$ (m^3/s)	H(m)	C	Q_2 (m^3/s)	$Q-Q_2$ (m^3/s)
1	15	4	12.94	8.5×10^{-4}	0.054	6.78×10^{-4}	1.433	9.7×10^{-4}	1.2×10^{-6}	0.0512	1.76	8.2×10^{-4}	3.3×10^{-5}
2	15	1	55.32	2.5×10^{-4}	0.0321	1.85×10^{-4}	1.479	2.7×10^{-4}	0.2×10^{-4}	0.0234	1.83	2.6×10^{-4}	9×10^{-6}
3													
4													
5													
6													
7													
8													
9													
10													

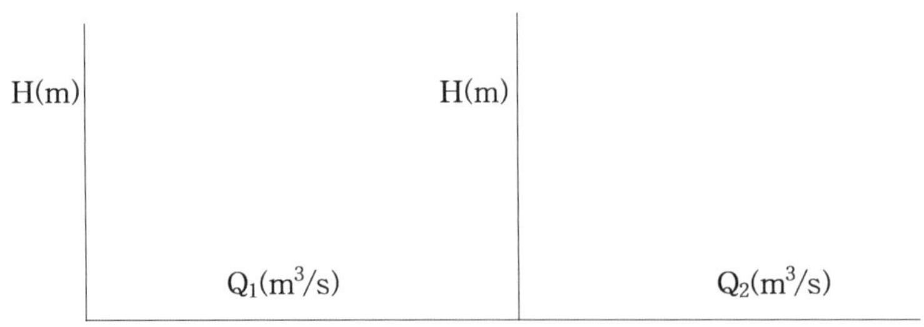

수조의 유량 : 0～150mm 1mm당 0.093L
150～360mm 1mm당 0.186L

6 실험 DATA 표

실 험 명 : 유 량 측 정 실 험　　　　실 험 자 :　　　　　학 번 :

장 비 명 : 수 리 실 험 대　　　　실 험 일 자 :　　　　년　　　월　　　일

실험명 / 번호	계 량 수 조				삼 각 위 어					사 각 위 어			
	$V_1(\ell)$	$V_2(\ell)$	t(sec)	Q (m^3/s)	H(m)	$H^{5/2}$	C	Q_1 (m^3/s)	$Q-Q_1$ (m^3/s)	H(m)	C	Q_2 (m^3/s)	$Q-Q_2$ (m^3/s)
1													
2													
3													
4													
5													
6													
7													
8													
9													
10													

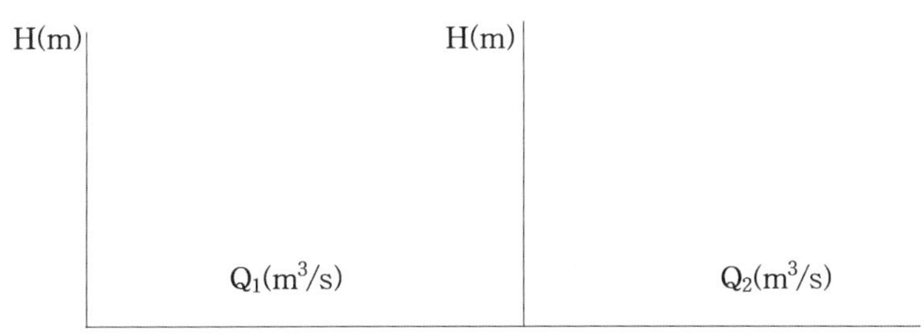

수조의 유량 : 0~150mm 1mm당 0.093L

150~360mm 1mm당 0.186L

11. 벤튜리미터(Venturimeter)

1 개 요

본 실험장치는 파이프에 흐르는 우체가 파이프보다 작은 횡단면적을 가진 축소단면을 거쳐 인도되는 경우에 있어서, 좁은 통로를 통한 유체의 유속은 파이프의 유속보다 빨라진다. 또한 벤튜리미터(Venturimeter)내의 단면에 대한 에너지손실을 유량에 따라 비교하고, 또 측정된 각 점의 압력강하값으로서 유량을 계산할 수 있도록 설계 제작하였다.

2 실험장치

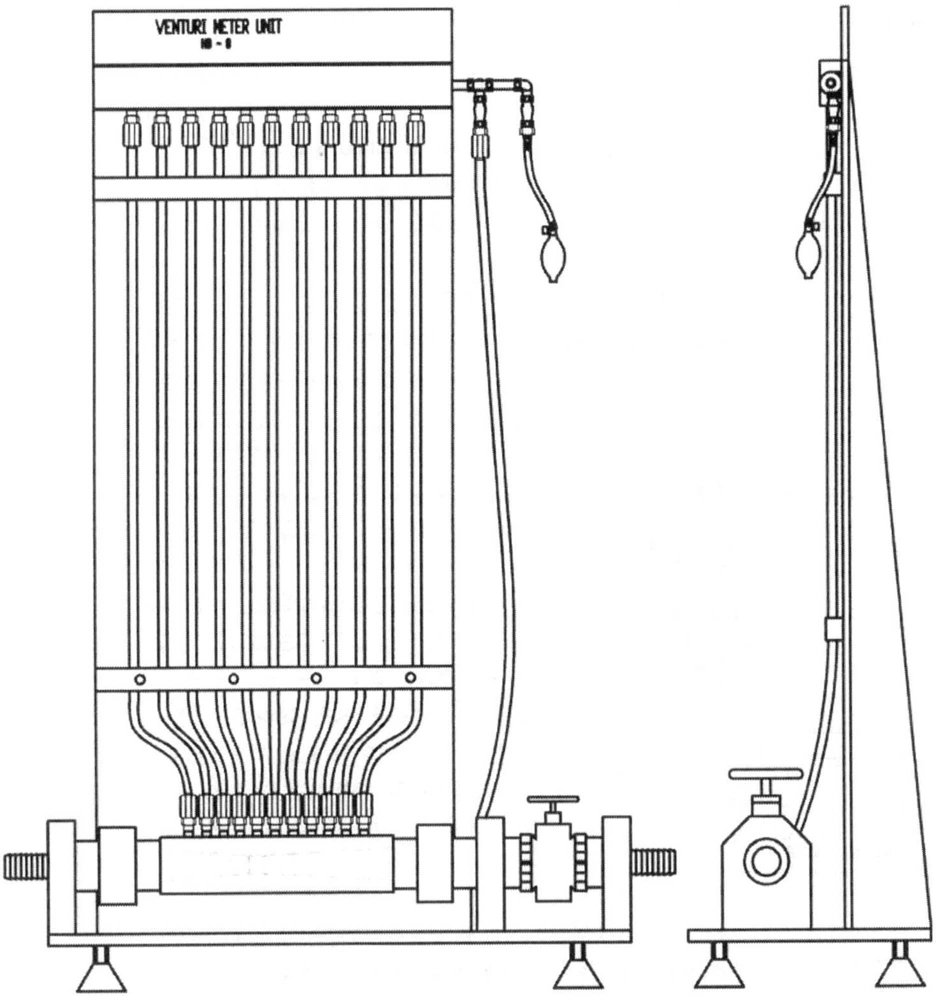

3 사 양

1) 본 체

크 기 : 450(W) × 220(D) × 720(H)mm

재 질 : 알루미늄, 아크릴판

벤츄리관 : 재질 - 투명아크릴

크기 - φ26 × φ16

압력공 - 11개

미노미터 : 측정길이 - 400mmH_2O

측정관수 - 11개

유량조절밸브 : 게이트밸브 25A, 황동

유 니 온 : PVC 25A

2) 부 속 품

튜 브 : φ5 - φ8 × 2M

호 수 : 15A 비닐호수 × 2m

25A 비닐호수 × 2m

4 실험 방법

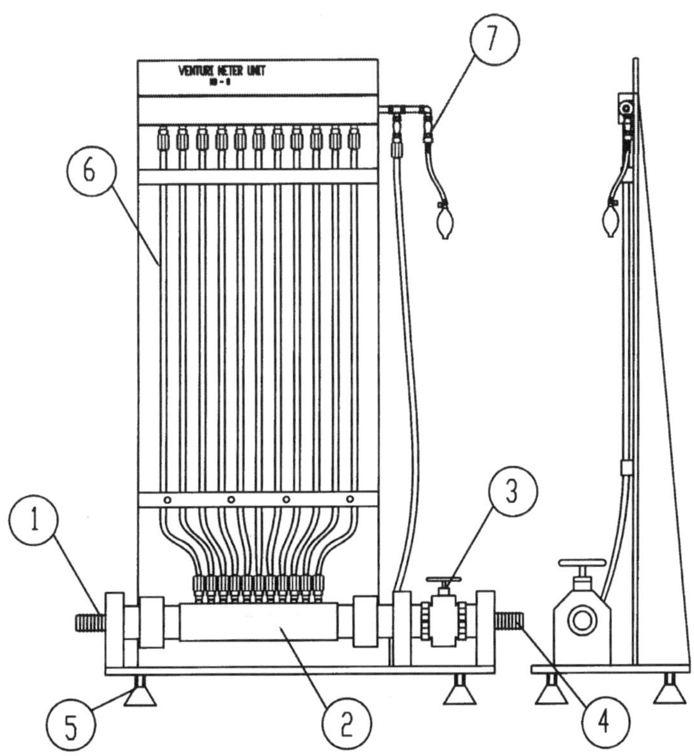

실험하기 전에 ⑤의 수평조절 볼트로써 장치의 수평을 조절한다.

1) ①의 급수호수를 급수관에 연결한다.(수리실험대의 토출구에 연결)
   ④의 배수호수를 배수관에 연결한다.
2) ③의 유량조절밸브를 완전히 닫는다.
3) 급수관에 물을 공급한다.
4) ⑦의 공기밸브를 서서히 열어서 ⑥의 마노메터 수주가 중간에 오도록 한다.
5) ③의 유량조절밸브를 서서히 열어서 ②의 벤츄리관의 수두차이를 ⑥의 마노메터를 보면서 기록한다.
6) 실험이 완료되면 내부의 실험수를 완전히 제거한다.

5 실험이론 및 계산

1)실험이론

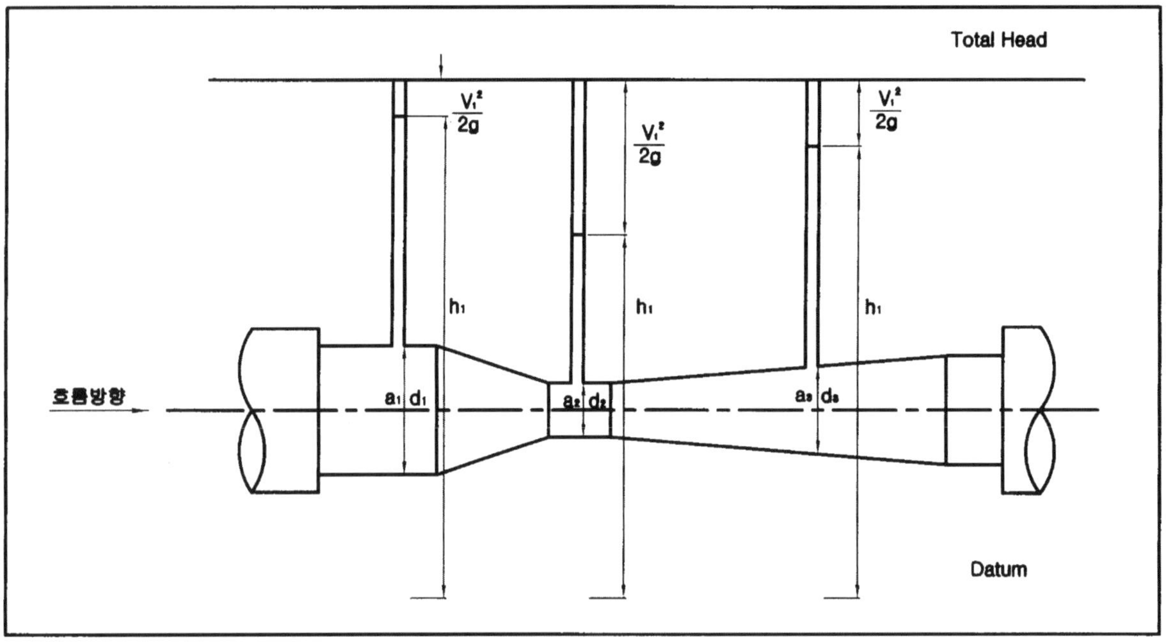

유량 측정계인 벤튜리미터(Venturimeter)로서 압력차를 측정하여 이론유량을 구하고, 실제유량과 비교하여 벤튜리미터 유량계수를 구한다.
『그림』에서 단면 1과 단면 2에서 베르누이방정식

$$\frac{V_1^{\ 2}}{2g} + \frac{P_1}{\gamma} + Z_1 = \frac{V_2^{\ 2}}{2g} + \frac{P_2}{\gamma} + Z_2$$

연속방정식

$$A_1 V_1 = A_2 V_2$$

*Water Manometer일 경우

$$V_2 \sqrt{\frac{2g\Delta H}{(1 - (D_2 / D_1)^4)}} \ (M/S) \quad \cdots\cdots\cdots\cdots\cdots\ ①$$

따라서 관로를 통한 유량은

$$Q_2 = A_2 V_2 = \frac{\pi}{4} D_2^{\ 2} \sqrt{\frac{2g(h_1 - h_2)}{(1 - A_2 / A_1)^2}} \ (M^3/S)$$

그러므로

$$Q_2 = A_2 V_2 = \frac{\pi}{4} D_2^{\ 2} \sqrt{\frac{2g\Delta h}{(1 - D_2 / D_1)^4}} \ (M^3/S) \quad \cdots\cdots\cdots\ ②$$

*유량 계수

$Q_V = C_V \cdot Q_2$ 그러므로 $C_V = \dfrac{Q_V}{Q_2}$

$Q_V = A \cdot Q_2$ 그러므로 $V = Q_V/A = \dfrac{Q_V}{\pi/4(D)^2}$

여기서

Q_V : 실제 유량 (m^3/s)
Q_2 : 이론 유량 (m^3/s)
D_1 : 직경 1 (m)
D_2 : 직경 2 (m)
V : 평균속도 (m/s)
Δh : 마노미터차압 (m)

C_v : 유량계수
γ_s : 수은의 비중량
γ : 물의 비중량

Convergent-divergent pipe에 따르는 이상적인 압력 분배는 베르누이 정리의 식으로부터 나타내 준다.

$$h_n - h_1 = \frac{v^2 - {V_n}^2}{2g}$$

계산과 더불어 실험결과의 비교 목적을 위해서 미터의 통로에서 속도 수두의 분수로서 (h_n -h_1)을 나타내는 것이 편리하다. 즉,

$$\frac{h_n - h_1}{{V_2}^2/2g} = \frac{{V_1}^2 - {V_n}^2}{{V_2}^2}$$

연속방정식 V_1A_1 = V_2A_2 = V_nA_n = Q 로부터 속도비의 위치에 놓여 있는 우측 측면의 면적비 를 대체할 때 이상적인 압력 분배는 다음과 같다.

$$\frac{h_n - h_1}{{V_2}^2/2g} = (\frac{A_2}{A_1})^2 = (\frac{d_1}{d_2})^4 - (\frac{d_2}{d_n})^4 \quad \cdots\cdots\cdots \text{③}$$

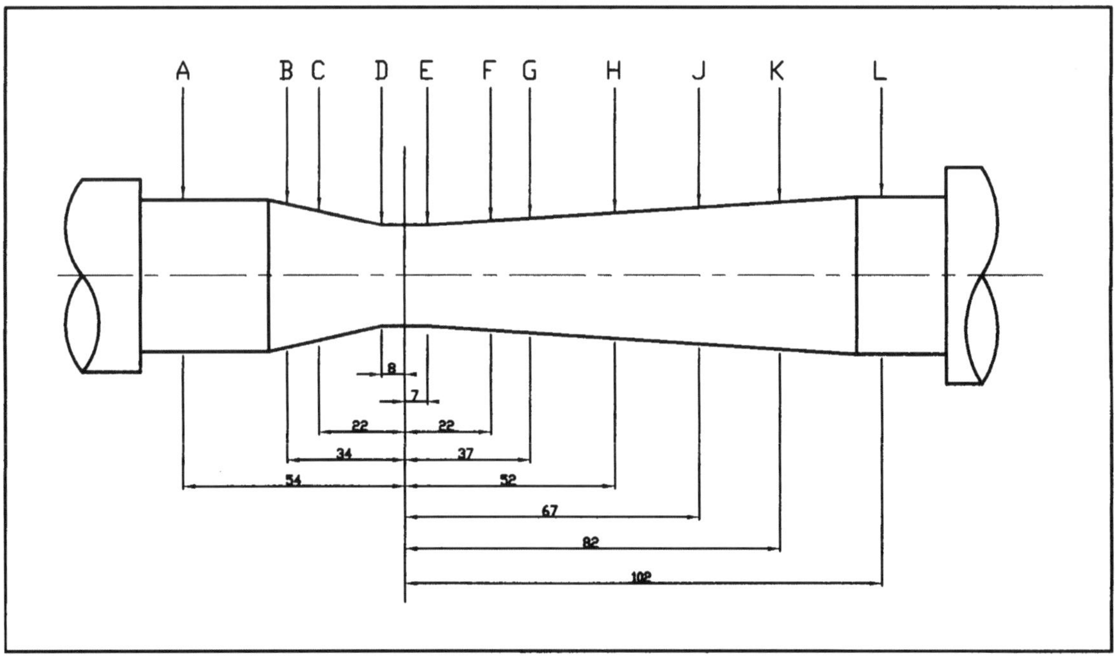

2)계산 및 결과

다음의 표-1은 벤튜리미터의 내경의 측정값을 나타낸 것으로, 수압을 측정하기 위한 곳의 각각의 횡단면에서의 직경과 ③식에 일치하는 압력분배의 계산 결과를 보여주고 있다.

<표 - 1>

Piezomerter tube No.	Dia. of Cross - Section d_n (㎜)	$\frac{d_2}{d_n}$	$(\frac{d_2}{d_n})^4$	$(\frac{d_2}{d_1})^4 - (\frac{d_2}{d_n})^4$
A	26.00	0.615	0.143	0
B	24.01	0.666	0.197	-0.054
C	18.05	0.886	0.616	-0.473
D	16.00	1	1	-0.857
E	17.06	0.938	0.774	-0.631
F	18.64	0.858	0.542	-0.399
G	20.23	0.791	0.391	-0.248
H	21.92	0.730	0.284	-0.141
I	23.47	0.682	0.216	-0.073
K	25.01	0.640	0.168	-0.025
L	26.00	0.615	0.143	0

또한 다양한 유출량에 따른 압력수두 $(h_1 - h_2)$의 측정과 계산된 $(h_1 - h_2)^{1/2}$값을 아래의 표-2에 기록한다.

	h_1(㎜)	h_2(㎜)	$h_1 - h_2\,(m)$	$h_1 - h_2\ ^{1/2}(m^{1/2})$	삼각위어 H(m)	$Q(m^3/s)$
1						
2						
3						

< 표 - 2 >

위에서 얻어진 값으로 각 유량에 따른 벤튜리미터의 내부 에너지 손실량을 다음의 표-2와 같이 나타낼 수 있고, 벤튜리미터의 압축단면에 있어서 고려되는 에너지손실과의 관계는 아래그림으로써 도시화할 수 있다.

< 표 - 3>

Piezometer Tube No.	$Q = \quad m^3/s$ $v_2{}^2/2g = \quad m$			$Q = \quad m^3/s$ $v_2{}^2/2g = \quad m$		
	$h_n(mm)$	$h_n - h_1(m)$	$\frac{h_n - h_1}{V_2{}^2/2g}$	$h_n(mm)$	$h_n - h_1(m)$	$\frac{h_n - h_1}{V_2{}^2/2g}$
A(1)						
B						
C						
D(2)						
E						
F						
G						
H						
I						
J						
K						

< 그림 >

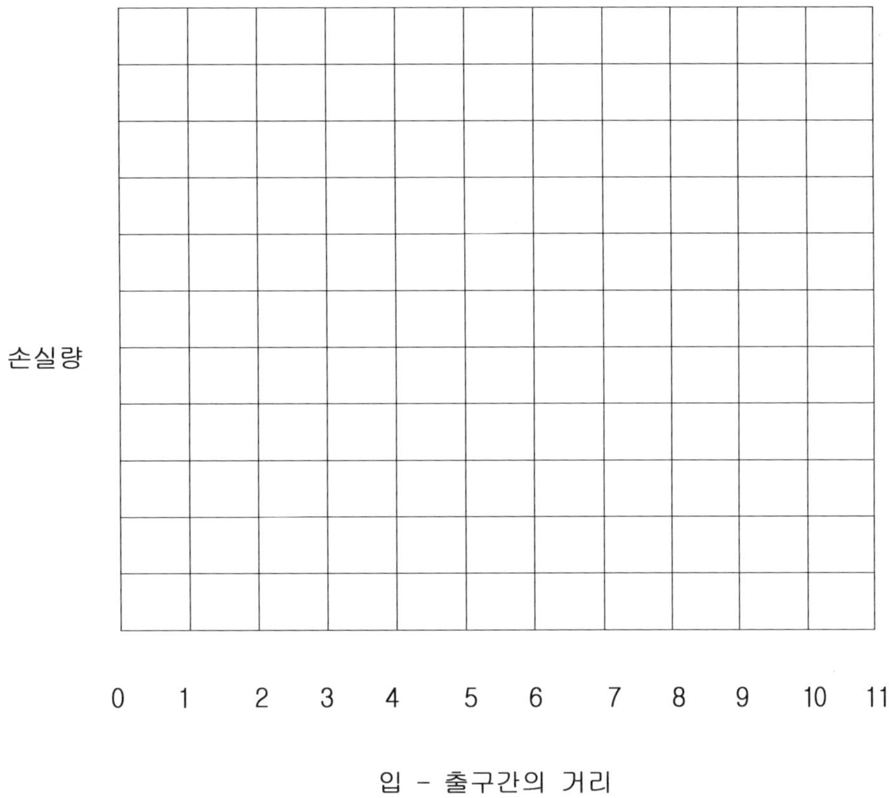

< 표 - 3 > 벤튜리 내부의 손실비교표

6 실험 DATA <표 1-1>

실 험 명 : Venturi Meter App.　　　실 험 자 :　　　　학번:

장 비명　: 벤튜리미터　　　실 험 일자:　　　년　　월　　일

점성계수	$\mu = 1.022 \times 10^{-4} kg\ s/m^2$	수온	20°c	물 비중량	$\gamma = 998.2 kg/m^3$
동점성계수	$\nu = 1.00 \times 10^{-6} m^2/s$			수은비중량	$\gamma_s =\quad kg/m^3$

	1) 벤튜리미터					
	h_1	h_2	Δh	Q_2	Q_V	비 고
No.	mm	mm	mm	m^3/s	m^3/s	
1	163	28	135	3.53×10^{-4}	4.96×10^{-4}	
2	214	126	88	2.85×10^{-4}	3.99×10^{-4}	
3	266	241	25	1.52×10^{-4}	1.93×10^{-4}	
4						

비 고

$$V_2 = \sqrt{\frac{2g\Delta h}{(1-(D_2/D_1)^4)}} \quad (m/s)$$

$$Q_2 = A_2 V_2 = \frac{\pi}{4} D_2^2 \sqrt{\frac{2g(h_1 - h_2)}{1-(D_2/D_1)^4}} \quad (m^3/s)$$

$$C = Q_2 / Q_V$$

$D_1 : 0.016m$　　　$D_2 : 0.026m$

$A_1 : 2.01 \times 10^{-4} m^2$　　　$A_2 : 5.31 \times 10^{-4} m^2$

6 실험 DATA <표 1-2>

<표 - 2>

	$h_1(mm)$	$h_2(mm)$	$h_1-h_2(m)$	$h_1-h_2{}^{1/2}(m^{1/2})$	삼각위어 $H(m)$	$Q(m^3/s)$
1	163	28	0.135	0.367	0.041	4.96×10^{-4}
2	214	126	0.088	0.297	0.0375	3.99×10^{-4}
3	266	241	0.025	0.158	0.0278	1.93×10^{-4}

<표 - 3>

Piezometer Tube No.	$Q = \quad m^3/s$ $v_2{}^2/2g = \quad m$			$Q = \quad m^3/s$ $v_2{}^2/2g = \quad m$		
	$h_n(mm)$	$h_n-h_1(m)$	$\frac{h_n-h_1}{V_2{}^2/2g}$	$h_n(mm)$	$h_n-h_1(m)$	$\frac{h_n-h_1}{V_2{}^2/2g}$
A(1)	163	0	0	241	0	0
B	158	−0.005	−0.016	212	−0.002	−0.01
C	108	−0.055	−0.177	180	−0.034	−0.17
D(2)	28	−0.135	−0.434	126	−0.088	−0.44
E	49	−0.114	−0.367	130	−0.084	−0.42
F	85	−0.078	−0.251	164	−0.050	−0.25
G	108	−0.055	−0.177	175	−0.039	−0.195
H	122	−0.041	−0.132	187	−0.027	−0.135
I	129	−0.034	−0.109	192	−0.022	−0.11
J	139	−0.024	−0.077	198	−0.016	−0.08
K	143	−0.02	−0.064	201	−0.013	−0.065

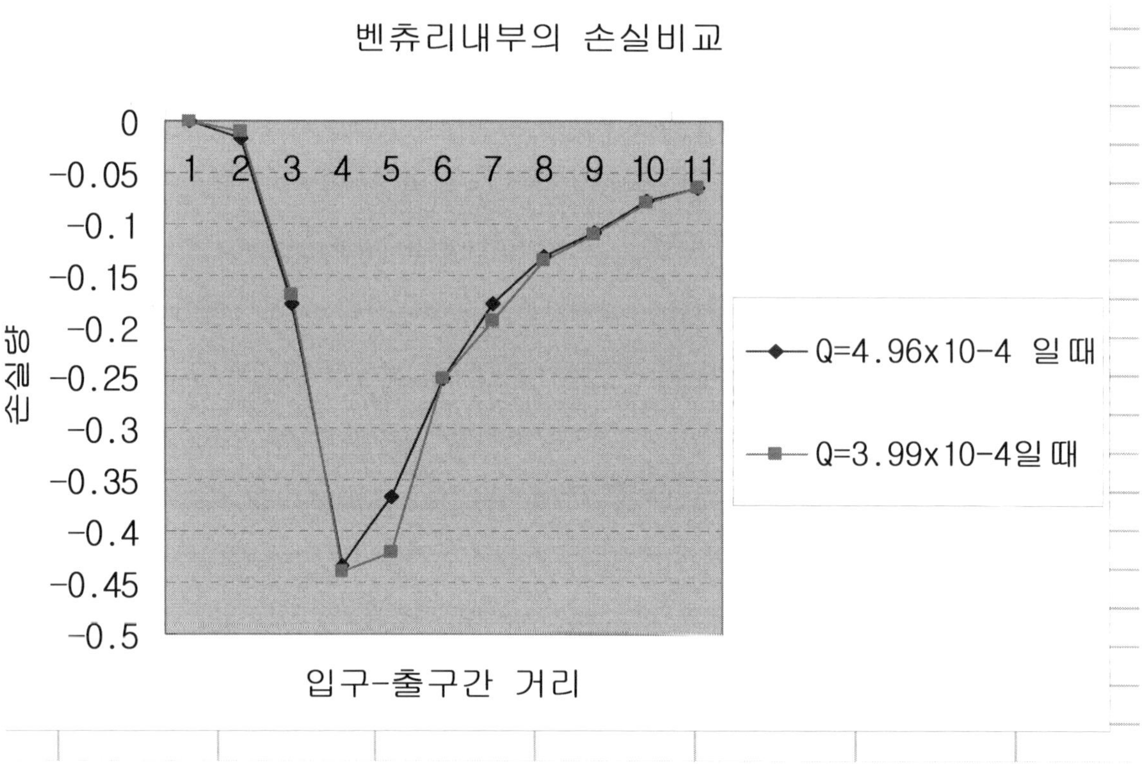
벤츄리내부의 손실비교
0
-0.05
-0.1
-0.15
-0.2
-0.25
-0.3
-0.35
-0.4
-0.45
-0.5
손실 량
1 2 3 4 5 6 7 8 9 10 11
Q=4.96x10-4 일 때
Q=3.99x10-4일 때
입구-출구간 거리

6 실험 DATA <표-1>

실 험 명 : Venturi Meter App. 실 험 자 : 학번:

장 비명 : 벤튜리미터 실 험 일자: 년 월 일

점성계수	$\mu =$ s/m^2	수온	20°c	물 비중량	$\gamma =$ kg/m^3
동점성계수	$\nu =$ m^2/s			수은비중량	$\gamma_s =$ kg/m^3

	1) 벤튜리미터					
	h_1	h_2	Δh	Q_2	Q_V	비 고
No.	mm	mm	mm	m^3/s	m^3/s	
1						
2						
3						
4						

비 고

$$V_2 = \sqrt{\frac{2g\Delta h}{(1-(D_2/D_1)^4)}} \quad (m/s)$$

$$Q_2 = A_2 V_2 = \frac{\pi}{4} D_2^2 \sqrt{\frac{2g(h_1 - h_2)}{1-(D_2/D_1)^4}} \quad (m^3/s)$$

$$C = Q_2 / Q_V$$

$D_1 : 0.016m$ $D_2 : 0.026m$

$A_1 : 2.01 \times 10^{-4} m^2$ $A_2 : 5.31 \times 10^{-4} m^2$

<표-2>

	h_1(㎜)	h_2(㎜)	$h_1-h_2\,(m)$	$h_1-h_2\,^{1/2}(m^{1/2})$	삼각위어 H(m)	$Q(m^3/s)$
1						
2						
3						

< 표-3>

Piezometer Tube No.	Q = m^3/s $v_2{}^2/2g$ = m			Q = m^3/s $v_2{}^2/2g$ = m		
	$h_n(mm)$	$h_n-h_1(m)$	$\dfrac{h_n-h_1}{V_2{}^2/2g}$	$h_n(mm)$	$h_n-h_1(m)$	$\dfrac{h_n-h_1}{V_2{}^2/2g}$
A(1)						
B						
C						
D(2)						
E						
F						
G						
H						
I						
J						
K						

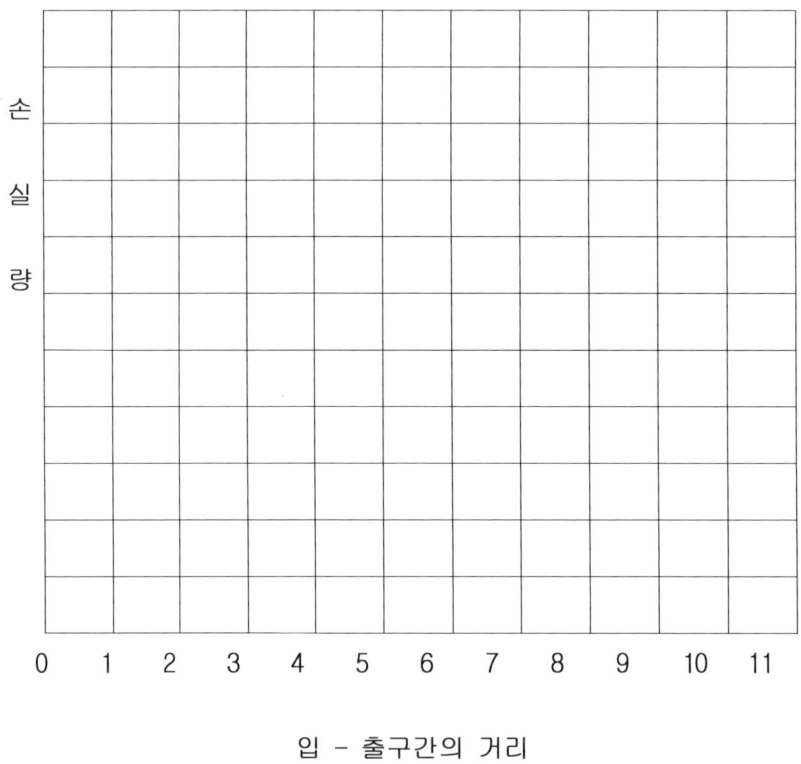

< 표-3 > 벤츄리내부의 손실비교표

12. 오리피스 자유분출장치

1 개 요

본 실험 장치는 유체역학의 실험에 있어서, 베르누이방정식에 의하여 오리피스 유출에 관련된 실험을 할 수 있도록 설계 제작되었다. 이 실험 장치는 수리 실험대(HD-1)에 공급수 입구를 연결하여 일정수위를 유지한 상태에서 수위에 의한 오리피스의 유속과 이에 관련된 지식을 습득할 수 있도록 되어 있다. 분출된 물은 수리실험대에서 시험 수량을 측정함으로써 오리피스의 유량을 측정할 수 있다.

본 장치와 관련된 실험을 할 수 있는 장비는 다음과 같다.

- 수리실험대 (Hydraulic B두초) : HD - 1
- 분류 충격 장치 (Jet Impact Unit) : HD - 2
- 오리피스 유출 실험장치 (Orifice Meter Unit) : HD - 3
- 유량 측정장치 (Flow Measuring) : HD - 4
- 레이놀즈수 측정장치 (Reynolds Number Unit) : HD - 5
- 부체안정시험장치 (Stability of floating Body Unit) : HD - 6
- 벤튜리관 실험장치 (Venturi Meter Unit) : HD - 7
- 관마찰 실험장치 (Pipe flow Friction Unit) : HD - 8
- 관로마찰 실험장치 (Pipe Network Friction Unit) : HD - 9
- 볼텍스 실험장치 (Vortex Unit) : HD - 10
- 개수로 실험장치 (Open Channel Unit) : HD - 11
- 펠톤수차 실험장치 (Pelton Wheel Unit) : HD - 12
- 가시화장치 (Flow Visualation Unit) : HD - 13
- 레이놀즈 수 실험장치 (Reynolds Number System) : HD - 14
- 정수압 실험장치 (Hydrostatic Pressure Unit) : HD - 15
- 파샬흐름 실험장치 (Parshall Flume Unit) : HD - 16
- 위어 실험장치 (Weir Unit) : HD - 17

2 장치의 설치

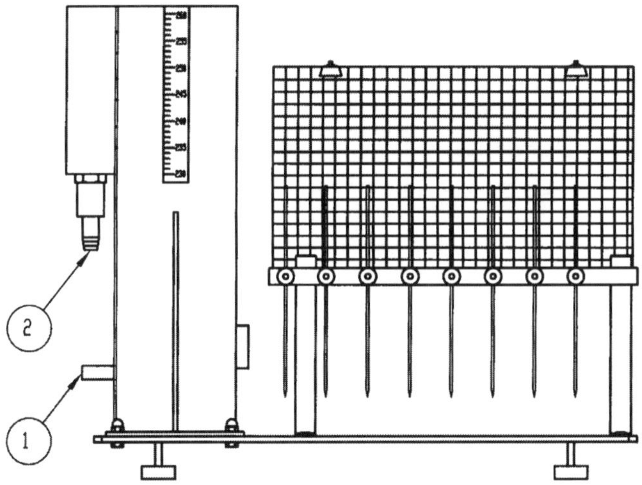

[배관도]

1) 배 관

- 급 수 : 급수관 ①을 수리실험대의 급수호스에 연결한다.
- 배 수 : 배수관 ②을 수리실험대의 계량수조에 연결한다.

2) 배 선

본 장치는 전기 배선이 불필요하다.

3 사 양

1) 본 체

3-1) 본 체

크 기 : 660(W) x 330(D) x 560(H)mm

오리피스 : 재질 - 듀랄미늄
수량 - 직경 3 x 1 ea
직경 6 x 1 ea

고수조 : 직경 140 x 505(l)mm
재질 - 투명아크릴
수위계 - 370mm
정수위장치 - 32A x 3

급수관　　　 : 원터치 커플링 15A
눈금 지시판　: 400(W) x 180(H) mm
눈금 지시봉　: 수량 - 8개
　　　　　　　 고정볼트 - 8개
수평조절볼트 : 4개

3-2) 부속품

그래프용지　: 1장
집　　　게　: 2개

3-3) 선택사양

수리실험대 (HD-1)

4 실 험 방 법

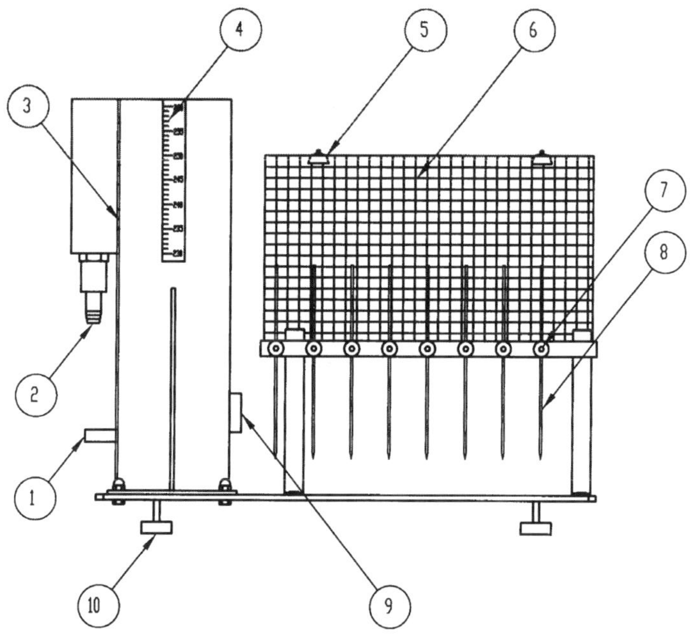

[전체도]

1) 급수관①을 수리실험대의 급수호스에 연결한다.
　그래프용지⑥를 집게⑤로 수평을 맞춰 고정한다.

2) 장치의 수평조절좌⑪로 수평을 맞춘 후 수리실험대의 전원스위치 기동 한다.
3) 정수조④의 수위를 월류부의 고무마개③를 이용하여 수위를 고정하고, 정수조④의 수위를 읽는다.
4) 오리피스⑨에서 분출된 수류의 거리를 지시봉⑧으로 하단끝을 맞춘 후 고정볼트⑦로써 고정한다.
   지시봉⑧의 1, 2, ..., 8까지 차례로 수류에 맞게 고정한다.
   그래프에 수위 및 거리곡선을 작성한다.
5) 정수조④의 수위와 그래프⑥에 작성된 수위를 차례로 기록한다.
6) 실험이 끝나면 정수조④의 내부를 깨끗이 청소하고, 본체를 깨끗이 닦는다.

5 실험 이론 및 계산

Bernoulli 방정식으로부터

$$\frac{V_1^{\ 2}}{2G} + \frac{P_1}{\gamma} + Z_1 = \frac{V_2^{\ 2}}{2g} + \frac{P_2}{\gamma} + Z_2$$

여기서, 1에서의 속도는 0이며 1과 2에서의 압력차는 거의 무시할 수 있을 정도로 미소하므로 다음과 같이 쓸 수 있다.

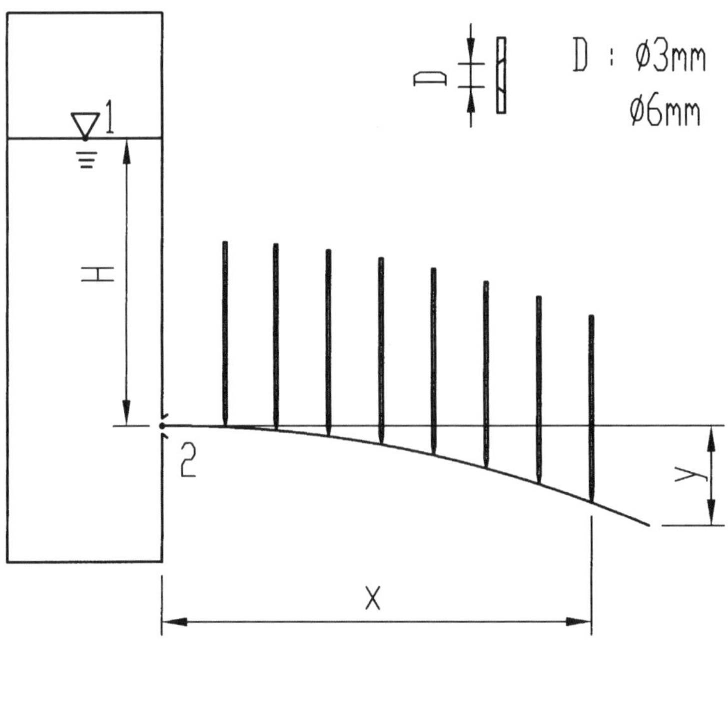

$$\frac{P_1 - P_2}{\gamma} = 0, \qquad \frac{V_1^{\ 2}}{2g} = 0$$

즉,

$$\frac{V_2^{\ 2}}{2g} = Z_1 - Z_2 = H$$

그러므로

$$V_2 = \sqrt{2gH}$$

V_2 : 분출수의 유속 (m/s)
g : 중력가속도 (m/s^2)
H : 수두 (m)

위와 같이 물이 오리피스를 통해 분출될 때 분류의 단면은 오리피스의 A_0에서 최소가 되어야 하나 실제로 분류의 최소 단면은 오리피스 단면 A_0를 지난 지점에서 수축된 최소 단면이 생긴다. 이와 같은 현상을 단면 수축현상이라 한다. 이 분류의 속도를 구하기 위하여 속도계수를 고려한다면 다음과 같이 나타낸다.

$$V = C_V\sqrt{2gH}$$

$$C_v = 속도계수$$

또한, 물이 구멍을 지나 바닥에 떨어질 때까지의 유선을 생각한다면 조금 떨어진 위치에서의 분출수의 유선은 거의 평행하게 되며 포물선을 그리며 바닥에 떨어진다. 이때 어느 지점에서의 한 점을 0이라 하며 이 위치에서의 단면적을 A_0 라하고 , 오리피스의 단면적을 A 라 하면, 수축계수 C_L 는 다음과 같이 표시된다.

$$C_c = \frac{A_o}{A}$$

여기서 ,

C_L : 수축계수 (≒ 0.64)
A : 오리피스관 면적
A_0 : 수맥의 단면적

그리고, 오리피스에서 나온 제트류의 수직거리는

$$y = \frac{1}{2} g t^2$$
$$t = \sqrt{2y/g}$$

이 시간동안의 수평이송거리는

$$x = Vt$$

여기서 $V = \frac{x}{t} = x\sqrt{\frac{g}{2y}}$

따라서 , $C_v\sqrt{2gH} = x\sqrt{\frac{g}{2y}}$

$$C_v = \frac{x}{2\sqrt{hy}}$$

여기서 ,

C_v : 속도계수

x : 오리피스를 나온 제트류의 수평방향거리

y : 오리피스를 나온 제트류의 수직방향거리

h : 수두

실제유량 Q 는

$$Q = C_L \cdot C_v \cdot A \cdot V$$
$$Q = C_c \cdot C_{v \cdot A} \cdot \sqrt{2gh} = C_d \cdot A \cdot \sqrt{2gh}$$

C_c : 수축계수

C_v : 유속계수

C_d : 유량계수

A : 오리피스관 면적 (m^2)

g : 중력가속도 (m/s^2)

h : 수위 (m)

6 실험 DATA 표 - 1

실 험 명 : 오리피스 분출실험　　　　실 험 자 :

장 비 명: 오리프스 자유분출장치　　　　실 험 일 자 : 년 월 일

시간 (t)	수위 (H	오리피스 단면적	오리피스 수축계수	오리피스 속도계수	오리피스 유량계수	유량 (Q)	제트류의 Y축 거리(m)								X축 거리
							1	2	3	4	5	6	7	8	
sec	m	A(m^2)	Cc	Cv	Cd	m^3/s	m	m	m	m	m	m	m	m	m
	0.35	7.07×10^{-6}	0.85	0.93	0.79	14.58 ×10^{-6}	0.011	0.017	0.026	0.04	0.055	0.076	0.099	0.127	0.41
	0.305		0.86	0.92	0.79	13.54×10^{-6}	0.012	0.019	0.029	0.045	0.062	0.089	0.119	0.151	
	0.255		0.75	1.04	0.78	12.27×10^{-6}	0.013	0.021	0.034	0.054	0.07	0.106	0.14		
	0.035	2.83×10^{-5}	0.76	0.94	0.71	52.66×10^{-6}									
	0.300		0.79	0.94	0.74	50.64×10^{-6}									
	0.250		0.71	1.07	0.76	47.36×10^{-6}									

유속 $V = Cv\sqrt{2gh}$　　　유량계수 $Cd = Cc \times Cv$

수축계수 $Cc = A_0 / A$　　　유량 $Q = Cd \cdot A \cdot \sqrt{2gh}$

속도계수 $Cv = \frac{x}{2\sqrt{hy}}$　　　눈금지시봉 $= 254mm$

6 실험 DATA 표 - 2

실 험 명 : 오리피스 분출실험 　　　　실 험 자 :

장 비 명: 오리프스 자유분출장치 　　　　실 험 일 자 : 　　년 　　월 　　일

시간 (t)	수위 (H	오리피스 단면적	오리피스 수축계수	오리피스 속도계수	오리피스 유량계수	유량 (Q)	제트류의 Y축 거리(m)								X축 거리
							1	2	3	4	5	6	7	8	
sec	m	A(m^2)	Cc	Cv	Cd	m^3/s	m	m	m	m	m	m	m	m	m

유속 $V = Cv\sqrt{2gh}$ 　　유량계수 $Cd = Cc \times Cv$

수축계수 $Cc = A_0 / A$ 　　유량 $Q = Cd \cdot A \cdot \sqrt{2gh}$

속도계수 $Cv = \frac{x}{2\sqrt{hy}}$ 　　눈금지시봉 $= 254mm$

12-1 오리피스 자유분출 실험

1 개 요

본 실험장치는 유체역학의 실험에 있어서, Bernoulli 방정식에 의하여 오리피스 유출에 관련된 실험을 할 수 있도록 설계 제작되었다. 이 실험장치는 수리 실험대(Hydraulic Bench)에 공급수 입구를 연결하여 일정수위를 유지한 상태에서 수위에 의한 Orifice의 유속과 이에 관련된 지식을 습득할 수 있도록 되어 있다. 분출된 물은 수리실험대에서 시험 수량을 측정함으로써 오리피스의 유량을 측정할 수 있다.

2 장치의 설치

장치 및 구조

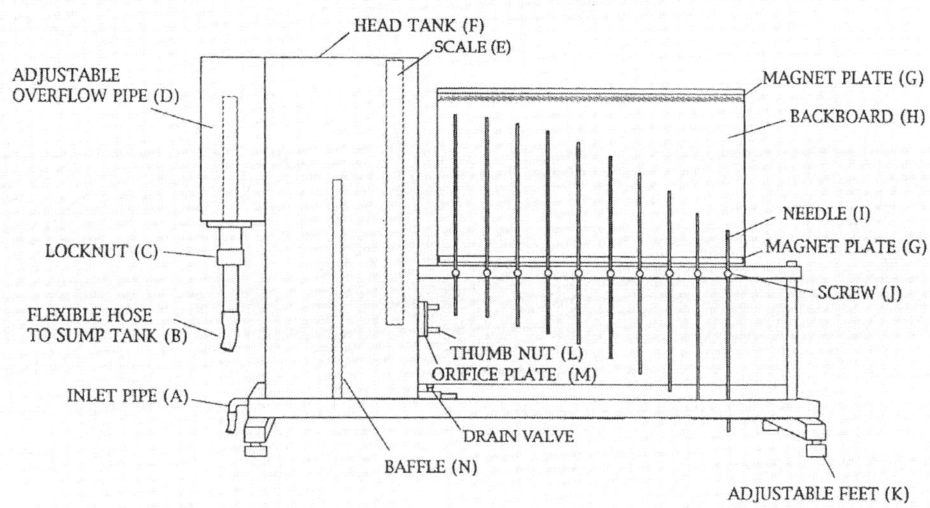

INSTALLATION DRAWING FOR ORIFICE AND JET APPARATUS

[그림 1. 장치의 구조 및 배관도]

1) 배 관

- 급 수 : 급수관 A을 수리실험대의 급수호스에 연결한다.
- 배 수 : 배수관 B나 C를 수리실험대의 배수구에 연결한다.

2) 배 선

본 장치는 전기 배선이 불필요하다.

3 사 양

1) 본 체

크 기 : 980(L) x 330(W) x 720(H)mm

오리피스 : 재질 - 듀랄미늄

수량 - 직경 9 mm x 1 ea

직경 6 mm x 1 ea

Head Tank : 재질 아크릴 240(L) x 180(W) x 500(H)mm

고수조 : 수위계 - 250~400 mm

급수관 : 원터치 커플링 15A Gate Valve

눈금 지시판 : 500(W) x 400(H) mm

눈금 지시봉 : 수량 - 10개, 고정볼트 - 10개

수평조절볼트 : 4개

2) 부속품

그래프용지 : 1장

집 게 : 2개

3) 선택사양 : 수리실험대

4 실험방법

실험방법은 위의 그림1을 참조하여 아래와 같이 진행한다.

1) 수리실험대의 상부에 장치를 올려두고 물 급수호스를 수리실험대의 유출구에 연결한다. Head Tank(F)에 물을 공급한다.
2) D로 Head Tank의 수위를 조절한다.
3) Overflow pipe에 연결한 flexible 호스(B)는 Overflow되는 물을 배수조탱크(sump tank)로 흘러보내도록 수리실험대 위에 준비된 배수구에 집어 넣는다.
4) E는 Head Tank의 수위를 표시한다.
5) 직경이 다른 두 개의 오리피스(직경 9mm, 6mm)가 준비되어 있으며 엄지손가락 너트(thumb nut) L 로 오리피스를 고정시킨다.
6) 오리피스를 통해 흘러내리는 물은 물받이 홈으로 받아내리고 흐르는 물이 만드는 포물선 궤적을 10개의 수직 Needle(I)로 고정한다. (오리피스에서 분출된 수류의 거리를 지시봉으로 하단 끝을 맞춘 후 고정볼트로써 고정한다. 지시봉의 1, 2, ..., 8,9,10까지 차례로 수류에 맞게 고정한다. 그래프에 수위(y) 및 거리곡선(x)은 그림 2 처럼 작성한다.)
7) Needle의 머리끝이 표시하는 점을 연결하여 흐름을 그린다.

8) 장치의 수평유지는 조절나사(K)를 사용한다.
9) 실험이 끝나면 정수조의 내부를 깨끗이 청소하고, 본체를 깨끗이 닦는다.

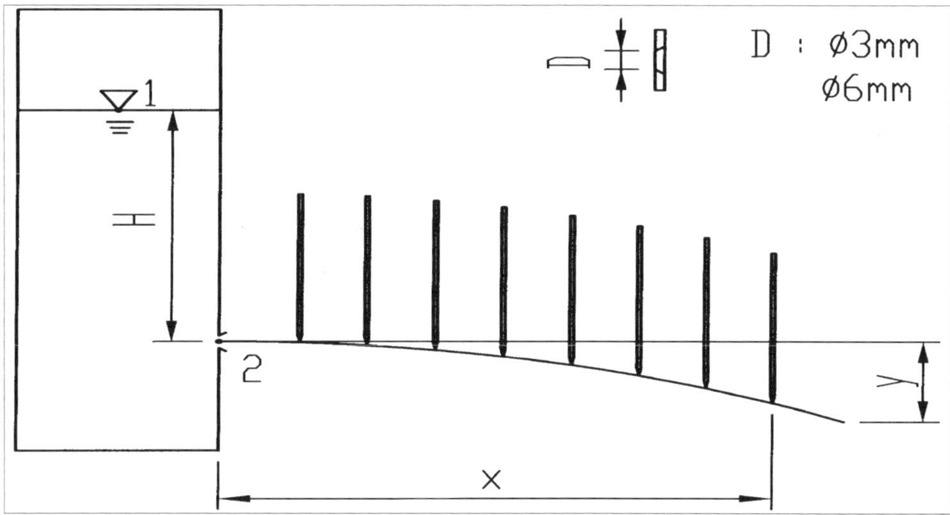

[그림 2. 그래프의 수위 및 거리곡선]

5 실험 이론 및 계산

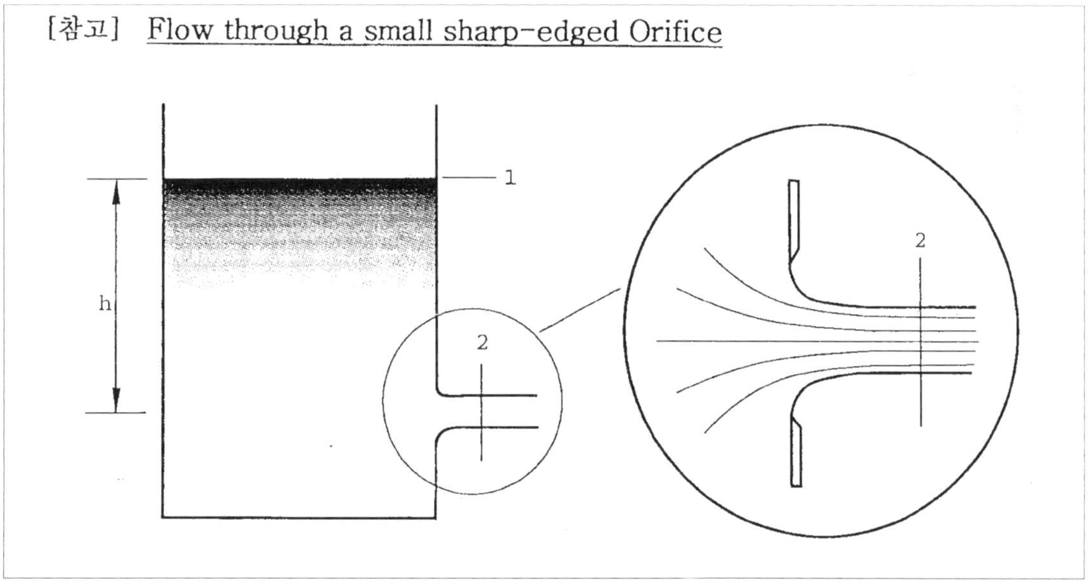

[그림 3. 유출구의 확대사진과 유선의 흐름]

1) 오리피스 유출구 형태의 확대사진과 유선의 흐름은 위 그림 3을 참조한다. 실제로 두 지점 1,2에서의 베르누이 방정식의 사용제한 조건은 다음과 같다.
   - 정상유동에서만 사용 가능.
   - 유동이 무마찰 유동이라고 가정.

- 밀도가 일정, 즉 유동이 비압축성이라 가정.
- 온도변화 즉, 열전달이 없음.
- 동일한 유선을 따른 유동임.

위 조건에서 Bernoulli 방정식은 다음과 같이 된다.

$$\frac{V_1^2}{2g} + \frac{P_1}{\gamma} + Z_1 = \frac{V_2^2}{2g} + \frac{P_2}{\gamma} + Z_2$$

여기에서, $\frac{V_1^2}{2g} = 0,\quad \frac{P_1}{\gamma} - \frac{P_2}{\gamma} = 0,\quad \frac{V_2^2}{2g} = Z_1 - Z_2 = H$ 이므로

$\therefore V_2 = \sqrt{2gH}$ (V : 유속(㎧) g : 중력가속도(㎨) H : 수두 (m))

따라서, $V_2 = C_V\sqrt{2gH}$, 여기서 C_V : 속도계수

여기서, 1점에서의 속도는 "0" 이며 1점과 2점에서의 압력차는 거의 무시할 수 있을 정도로 미소하므로 다음과 같이 쓸 수 있다.

$\frac{P_1 - P_2}{\gamma} = 0,\quad \frac{V_1^{\ 2}}{2g} = 0$ 이 된다.

즉, $\frac{V_2^{\ 2}}{2g} = Z_1 - Z_2 = H$ 이므로

그러므로

$V_2 = \sqrt{2gH}$ 이 된다.

여기서 V_2 : 분출수의 유속 (m / s)

g : 중력가속도 (m / s^2)

H : 수두 (m)

위와 같이 물이 오리피스를 통해 분출될 때 분류의 단면은 오리피스의 A_0 에서 최소가 되어야 하나 실제로 분출류의 최소 단면은 오리피스 단면 A_0를 지난 지점에서 수축된 최소 단면이 생긴다. 이와 같은 현상을 단면 수축현상이라 한다. 이 분류의 속도를 구하기 위하여 속도계수를 고려한다면 다음과 같이 나타낸다.

$$V_2 = C_V\sqrt{2gH}$$

C_V = 속도계수

또한, 물이 구멍을 지나 바닥에 떨어질때 까지 유선을 생각한다면 조금 떨어진 위치에서의 분출수의 유선은 거의 평행한 포물선을 그리며 바닥에 떨어진다. 이때 어느 지점에서의 한 점을 0 이라 하며, 이 위치에서의 단면적을 A_0 라 하고, 오리피스의 단면적을 A라 하면, 수축계수 C_L 는 다음과 같이 표시된다.

$$C_L = \frac{A_0}{A}$$

여기서 ,

C_L : 수축계수 (본 장치의 경우 ≒ 0.66)
A : 오리피스관 면적
A_0 : 수맥의 단면적

그리고, 오리피스에서 나온 제트류의 수직거리는 $y = \frac{1}{2}gt^2$ 이고, 그 지점까지 낙하에 걸리는 시간 $t = \sqrt{2y/g}$ 이므로, 이 시간동안 수평이송거리 X는

수평거리 $X = V_2 t$ 여기서, $V_2 = \frac{X}{t} = X\sqrt{\frac{g}{2y}}$ 이므로

따라서 , $V_2 = C_V\sqrt{2gH} = X\sqrt{\frac{g}{2y}}$

$$C_V = \frac{X}{2\sqrt{Hy}}$$

여기서, C_V : 속도계수
X : 오리피스를 나온 제트류의 수평방향거리
y : 오리피스를 나온 제트류의 수직방향거리
H : 수두

실제유량 Q는

$$Q = C_L C_V A \cdot V = C_c C_V A\sqrt{2gH} = C_O A \cdot \sqrt{2gH}$$

여기서, C_L : 수축계수 C_V : 유속계수 C_O : 오리피스 유량계수

A : 오리피스 면적 (m^2) g : 중력가속도 (m/s^2)

H : 수위 (m)

6 실험데이타표와 결과 처리과정

표.1 오리피스직경

mm, 실험실 온도 : ℃ - 물의 온도 : ℃

순번	1	2	3	4	5	6	7	8	9	10
X(cm)	0.05	0.1	0.15	0.2	0.25	0.3	0.35	0.4	0.45	0.5
	제트류의 y축 거리									
	m	m	m	m	m	m	m	m	m	m
H_1=										
H_2=										
H_3=										

수위 (h)	오리피스 직경 (6 mm)				실측유량 (Q)
	이론유량 (Q)	평균유속	속도계수	유량계수	
m	$\times 10^{-5} m^3/s$	m/s	C_V	C_O	$\times 10^{-5} m^3/s$
H_1=					
H_2=					
H_3=					

실험 데이터는 위 표 1을 참고한다. 그리고 아래의 내용을 확인해 본다.

1) 계산과정의 절차를 따라 표 1 작성한다.

2) 계산식의 결과에 따라 부록1 처럼 포물선 궤적을 그래프로 완성해 본다.

3) 실험결과에 대하여 오리피스의 유출 높이에 대한 차이를 고찰해 본다.

7 실제 실험결과와 계산과정

1) 아래 표2처럼 실험데이타의 실제결과와 계산과정을 참고한다.

표.2 직경 6㎜ 실제실험결과와 계산결과(실험실온도 : 21.9℃, 물의 온도 : 20.0℃)

-	1	2	3	4	5	6	7	8	9	10
(cm)	0.05	0.1	0.15	0.2	0.25	0.3	0.35	0.4	0.45	0.5
	제트류의 y축 거리									
	m	m	m	m	m	m	m	m	m	m
H_1=40	0.001	0.005	0.010	0.022	0.036	0.053	0.073	0.095	0.124	0.154
H_2=36	0.001	0.007	0.013	0.025	0.040	0.059	0.082	0.107	0.145	0.172
H_3=28	0.001	0.010	0.017	0.029	0.047	0.081	0.105	0.129	0.179	No

수위 (h)	오리피스 직경 (6 mm)				실측유량 (Q 측정)
	이론유량 (Q 이론)	평균유속	속도계수	유량계수	
cm	$\times 10^{-5} m^3/s$	m/s	C_V	C_O	$\times 10^{-5} m^3/s$
H_1=40	7.802	0.276	0.987	0.656	5.155
H_2=36	7.402	0.261	0.985	0.659	4.880
H_3=28	6.500	0.230	0.983	0.668	4.340

2) 표2의 계산과정은 다음을 참고한다.

2-1) 높이 H에서 오리피스를 유출후 거리에 따른 x, y로부터 시간을 구한다.

$$t = \sqrt{\frac{2y}{g}} = \frac{\sqrt{2*15.4}}{980} = 0.17748\,\mathrm{sec}$$

다음에 높이 H에서 오리피스를 유출후 거리에 따른 x, y로부터 평균유속을 구한다.

$$v = \frac{x}{t} = \frac{50}{0.17748} = 0.276\,m/s$$

2-2) 이론유량(Q이론) 계산에서 6mm 오리피스 직경인 경우

$$A = \frac{\pi(0.006)^2}{4} = 2.827 \times 10^{-5} [m^2]$$

$$Q = A \cdot V = 2.827 \times 10^{-5} \cdot 0.276 = 7.802 \times 10^{-5} m^3/s$$

2-3) 속도계수 [CV 계산]는 위의 이론으로부터 다음과 같다.

$$C_V = \frac{X}{2\sqrt{yH}}$$

$$H_1 \ = 0.4 \ (m) \quad : \qquad C_V = \frac{0.50}{2\sqrt{0.154 \times 0.40}} = 0.987$$

2-4) 유량계수 [C_O 계산]은 다음과 같다.

C_O = 실측유량/이론유량 = 5.155/7.802=0.6607

2-5) 수축계수 C_L 계산은 다음과 같이 한다.

$$C_L \cdot C_V = C_O$$

$$C_L = C_O / C_V$$

C_L = 0.6607 / 0.987 = 0.669

2-6) 실측유량(Q측정)은 실제로 유출구에서 나오는 량을 초시계와 메스실린더로 측정하거나 위의 실험 데이터로부터 아래 계산과정으로도 할 수 있다.
[실측유량계산] 6mm, 40cm높이에서 오리피스로 유출한 경우

$$A = \frac{\pi(0.006)^2}{4} = 2.827 \times 10^{-5}[m^2]$$

$$Q = C_L \cdot C_V \cdot A \cdot V = C_L \cdot C_V \cdot A\sqrt{2gH} = C_o \cdot A \cdot \sqrt{2gh}$$

$$H_1(0.4m) : Q = 0.651 \times (2.827 \times 10^{-5}) \times \sqrt{2 \times 9.81 \times 0.40} = 5.155 \times 10^{-5}[m^3/s]$$

여기서 수축계수 $C_L \cdot C_V = C_o$ 이 되어 계산하면 $C_L = 0.669$ 이 된다.

[부록1] 6 mm 오리피스의 유출높이에 따른 x, y 그리고 유량은 다음과 같다.

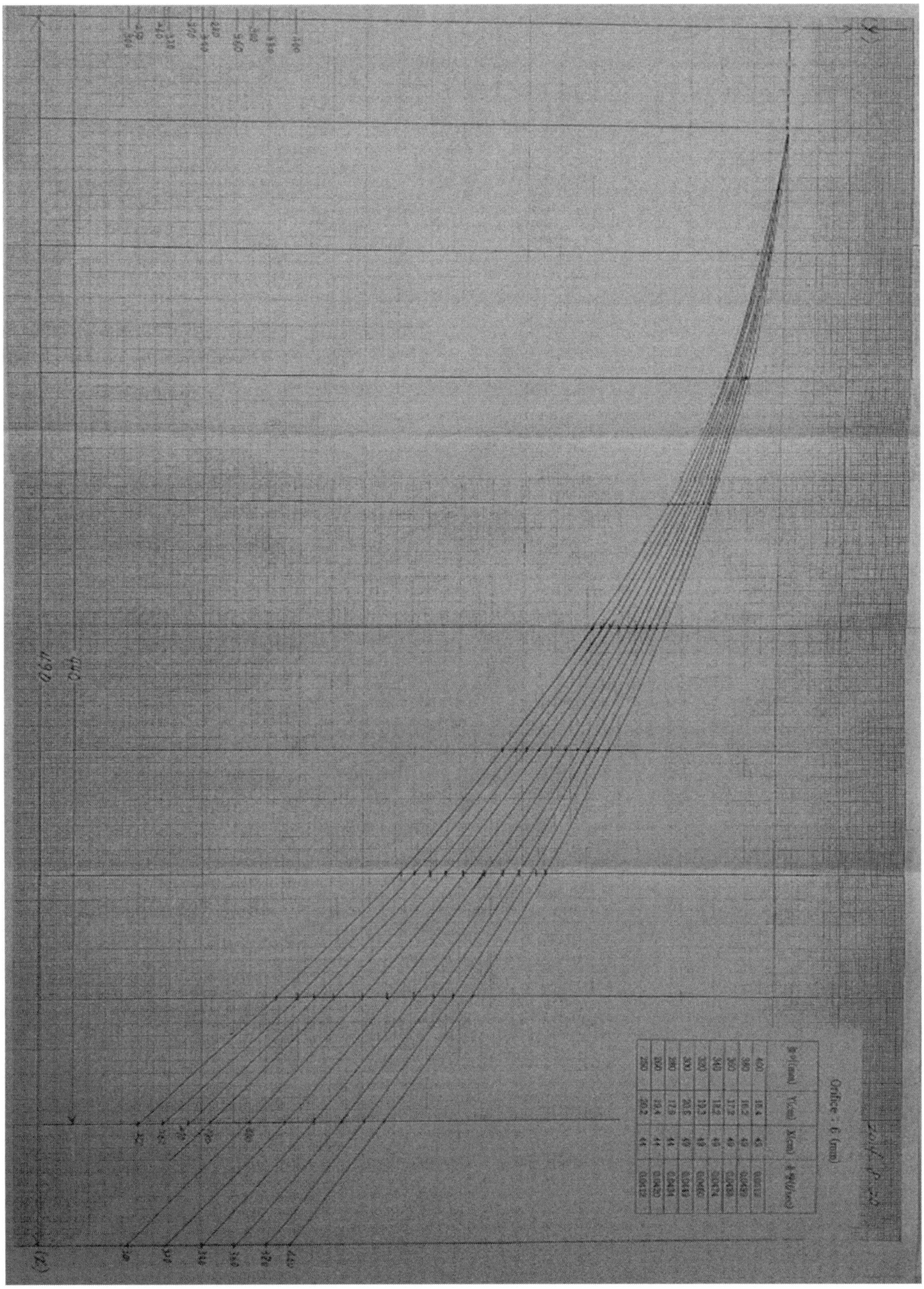

[부록2] 6 ㎜ 오리피스의 유출높이에 시간 측정한 결과 거의 선형으로 변화하고 있다.

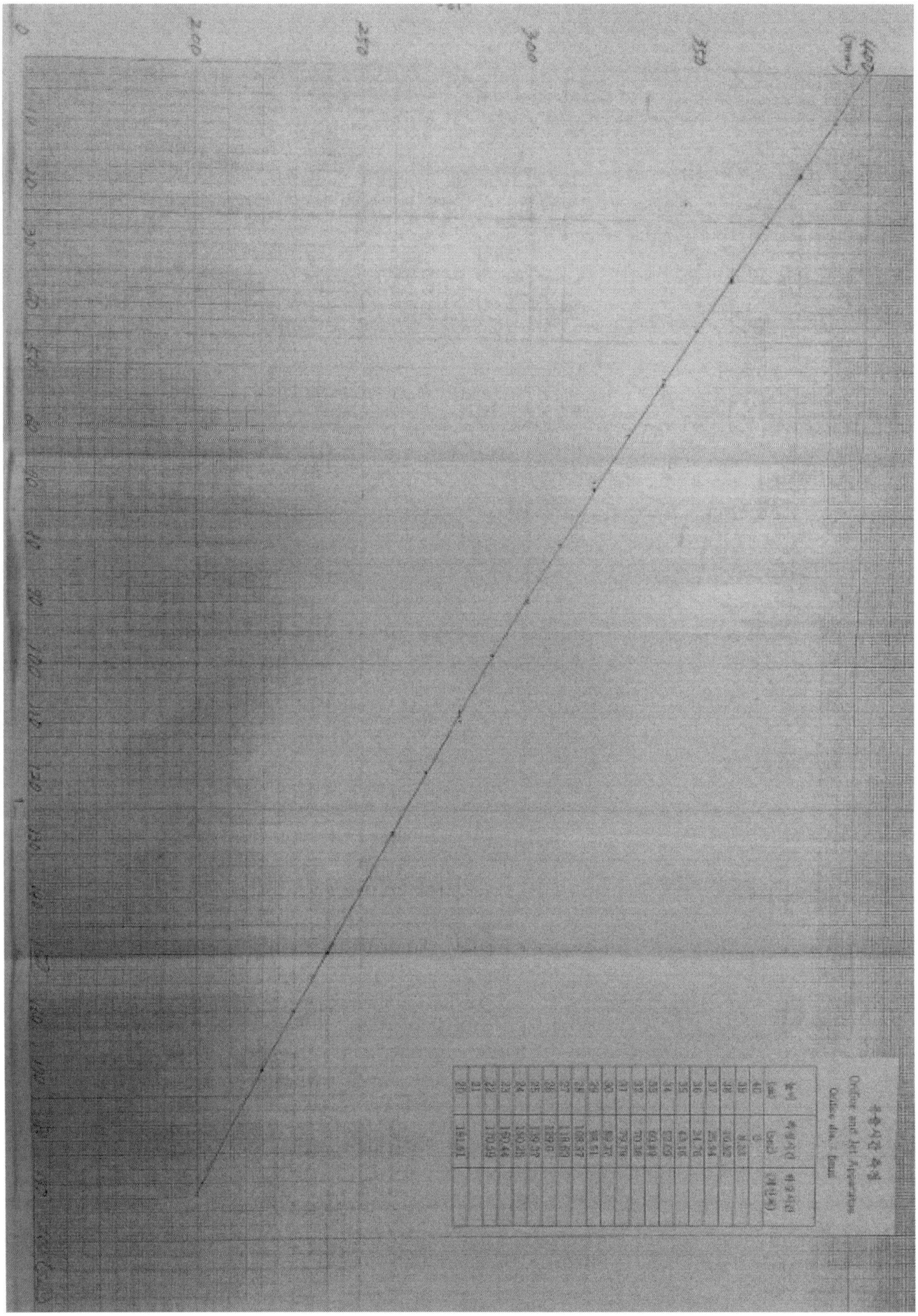

13. 펌프성능 시험장치

1 개 요

본 실험 장치는 유체기계 중 가장 많이 사용되고있는 원심펌프에 대한 종합적인 실험 장치이다.

이 실험은 회전차의 외주에 안내날개가 없고, 외주에 바로 접하여 과류실(Volute Casing) 있는 펌프를 규정회전수로 운전을 하여, 일반특성을 실험할 수 있도록 설계 제작되었다. 실험항목은 회전수를 변경하여 그 때의 흡입 및 토출압력, 유량, 동력 등을 측정하여 펌프의 제 특성 을 계산할 수 있다.

펌프의 회전수는 IGBT 인버터를 사용하여, 고효율의 속도를 조절할 수 있으며, 디지털속도계로 RPM을 측정한다. 펌프의 흡입 및 토출압력은 브로돈관식 압력계에서 직접 읽을 수 있으며, 펌프의 Volute Casing 부위에 4개소의 압력구멍을 설치하여, Casing면에서의 압력분포를 알 수 있도록 하였다. 유량은 오리피스 타입의 부유식 유량계(또는, 벤튜리관)에서 유량을 구할 수 있으며, 모터의 수 동력을 하기 위하여 스프링 발란스식 토크미터를 설치하여 실험자가 쉽게 계산하여 구 할 수 있도록 하였다. 시험수의 계량은 디지털 초시계와 계량수조에 의하여, 실험한 유량을 계산하여 유량을 산출한다.

위와 같은 실험으로써, 원심펌프에 대한 지식을 완전히 습득할 수가 있다.

2 장치의 설치

1) 배 관

· 급수 : 저수조 ⑤ 에 물을 4/5정도 채운다.

· 배수 : 배수관 ⑭ 에 배수호수를 연결하고 배수구에 고정한다.

2) 배 선

본 장치는 AC 220V, Ø3, 2KVA의 전원을 필요로 한다.

3 사 양

1) 본체

펌프

형 식 : 원심펌프

용 량 : 최대유량 $0.7\,m^3/\min$, $H = 8m$ 일 때

흡입구경 × 토출구경 : 40A × 30A
압력공 : 케이싱면 - 4개소
흡입측 - 1개소
토출측 - 1개소

모터
형 식 : 유도전동기
용 량 : AC 220V, Ø3, 0.75KW

속도조절기 (미쯔비시 범용 Inverter)
제어방식 : 정현파 PWM 제어
정격용량 : 2KVA
출력주파수 : 0.5 - 120 Hz
주파수분해능 : 0.01 Hz
프로그램운전 : Touch Pannel에 의한 Program 운전가능

압력계
형식 : 브로돈관식
범위 : 0 ~ 2 kg/cm^2G

진공계
형식 : 브로돈관식
범위 : -76 ~ 0 cmHg

U 미노메터
0 ~ 1000 mmHg × 1대
0 ~ 600 mmHg × 1대

수위계
0 ~ 600 mmH2O

Venturi Meter
D : Ø30.0mm
d : Ø22.5mm

토르크계

아암레버길이 - 0.2m

스프링발란스 - 2kg

저수조

재질 -STS304, 420 liter

수위계, 배수관 및 밸브 부착

계량수조

재질 - STS304, 에폭시페인팅

크기 - 800(W) × 300(D) × 600(H)

수위계, 배수관 및 밸브 부착, 오버플로우판 부착

조작판

V meter, A meter, S/W

- 속도조절기
- 회전계

2) 부속품

배수호스 - 2m

사용설명서 - 1부

4 실험방법

1) 예비지식 및 주의사항

원심펌프는 회전차가 밀폐된 케이싱 내에서 회전함으로써 발생하는 원심력을 이용하므로 물은 회전차의 중심에서 흡입되어 반지름 방향으로 흐르는 사이에 압력과 속도에너지를 얻고 이 가운데 과잉된 속도에너지는 과류실에서 압력에너지로 회수된다. 원심펌프는 일반적으로 자흡작용이 없으므로 펌프와 흡입관이 물로 충만되어 있지 않으면 펌프작용이 이루어지지 않는다. 따라서, 펌프위가 흡입면 보다 위에 있는 경우는 흡입관 밑단부에 풋밸브 (Food Valve)를 설치하며, 펌프하우징 상부에는 물 공급 콕크를 설치하여 Casing에 물을 충만 시킨 다음 작동한다.

원심펌프의 구성요소는 다음과 같다.

(1) 회전차
(2) 와실
(3) 안내날개
(4) 와류실
(5) 흡입관
(6) 송출관
(7) 푸드밸브
(8) 유량조절밸브
(9) 주축
(10) 패킹상자

== 주의사항 ==

1. 전동기의 회전축에 실험복이나 손이 닿지 않도록 한다.
2. 펌프 동작 시는 반드시 Casing안에 물이 차 있어야 하므로 ⑩급수관에 물을 급수하여 완전히 채운 후 기동한다.
3. 실험 시 손에 물기가 있는 상태로 전원조작을 하는 일이 없도록 한다.

2) 작동 방법

(1) ⑨펌프입구밸브를 열고, 전원(AC 220V, 삼상 1KW이상)을 연결한다.
(2) ㉮기동 스위치를 ON하여, ㉯전류계, ㉰전압계, ㉱회전계에 전원이 공급되는지를 확인한다.
(3) 펌프를 ㉲속도조절기로써 규정 속도로 운전하여, 송출량을 ⑦토출 밸브로써 변화시켜 실험을 행한다. 송출량의 조절은 ⑦토출밸브를 전폐의 위치에서 조금씩 열어 전개의 위치까지 이르게 한다. ⑦토출밸브의 조절은 각기 다른 유량을 미리 설정한 다음 이에 맞게 조절하는 것이 좋다.
즉, 실험회수를 결정한 다음 ⑦토출밸브를 조절하여 실험을 실시한다.
(4) 압력을 측정한다.
토출측과 흡입측의 차압을 측정할 경우 ①U-manometer를 읽어 기록하며 각자의 압력만을 측정할 경우 ③압력계와 ②진공계를 읽어 기록한다.
그리고, 펌프의 면압을 측정할 경우 측정할 면압공의 번호만을 열어 ③의 압력계로써 측정한다.
(5) 이때의 ㉱회전수 및 ⑭Torquemeter의 하중을 각각 기록한다.
(6) 유량을 계산한다.

유량의 계산은 ⑥수조마개를 내린 다음 ⑬선택 손잡이를 ⑫계량수조 쪽으로 돌린 다음 초시계로 수조에 물을 받기 시작한 시점과 끝낸 시점을 측정한 후 수조 왼쪽에 있는 수위계의 눈금을 읽어 이를 계산하는 방법과(※수조의 크기는 사양에 표기되어 있음) ⑤벤츄리관의 압력을 ④U-manometer를 이용하여 측정한 다음 유량을 계산하는 방법이 있다. 처음 방법으로 측정할 경우 측정 후에는 반드시 ⑥마개를 들어 올려 물을 ⑪저수조로 배출시킨다.

(7) 측정기록은 펌프출구 밸브의 개폐도를 동일한 개폐도에서 3회 정도 측정하고, 그 평균치로써 그래프를 작성한다.

(8) 실험이 끝난 후에는 ⑮배수밸브를 열어 배수시킨다.

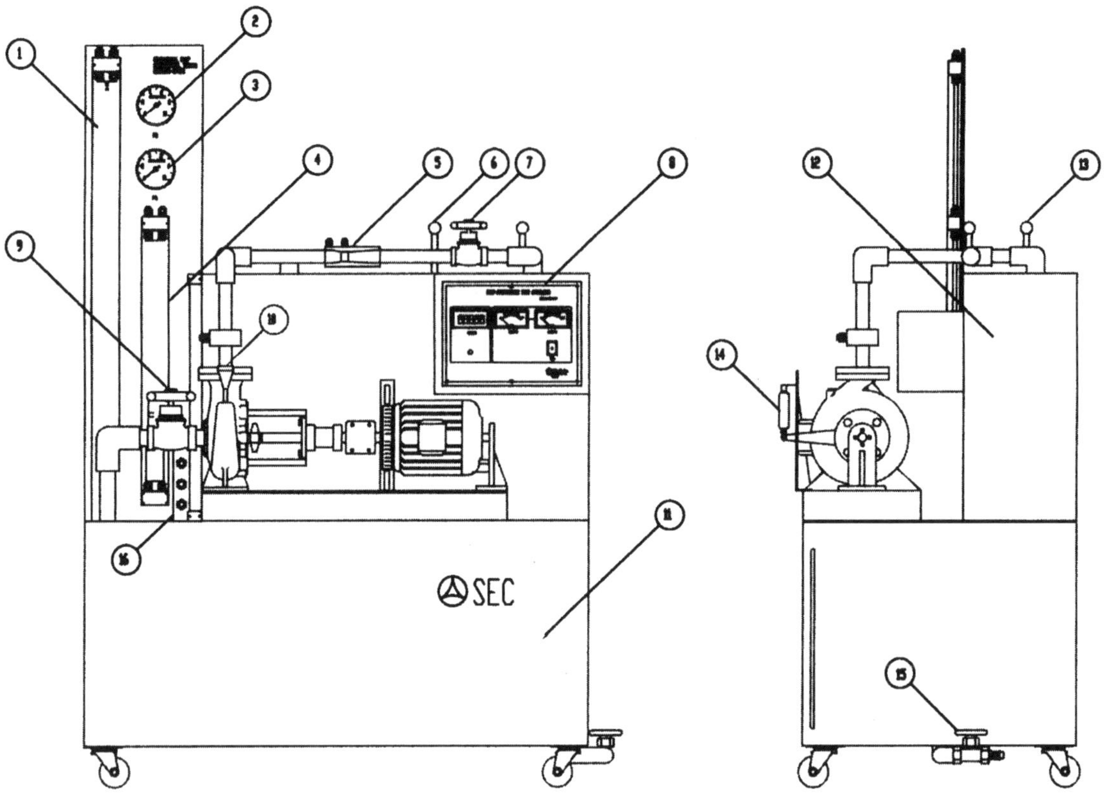

[전체도]

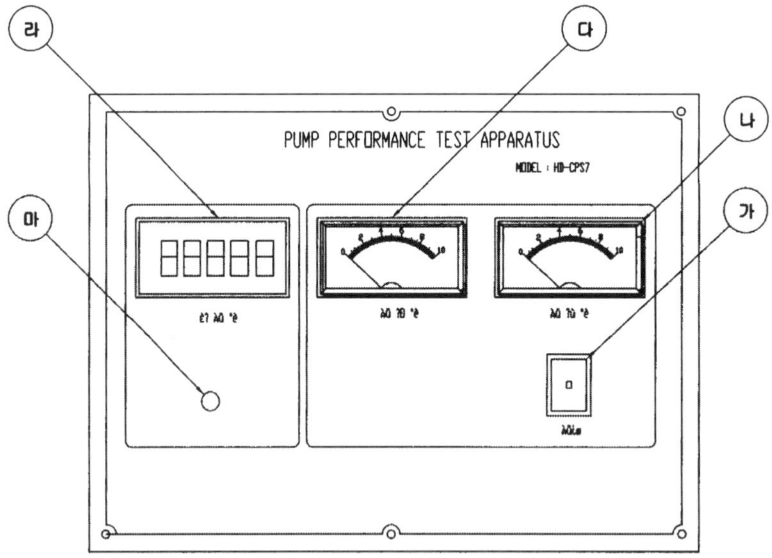

[조작반]

5 실험이론 및 계산

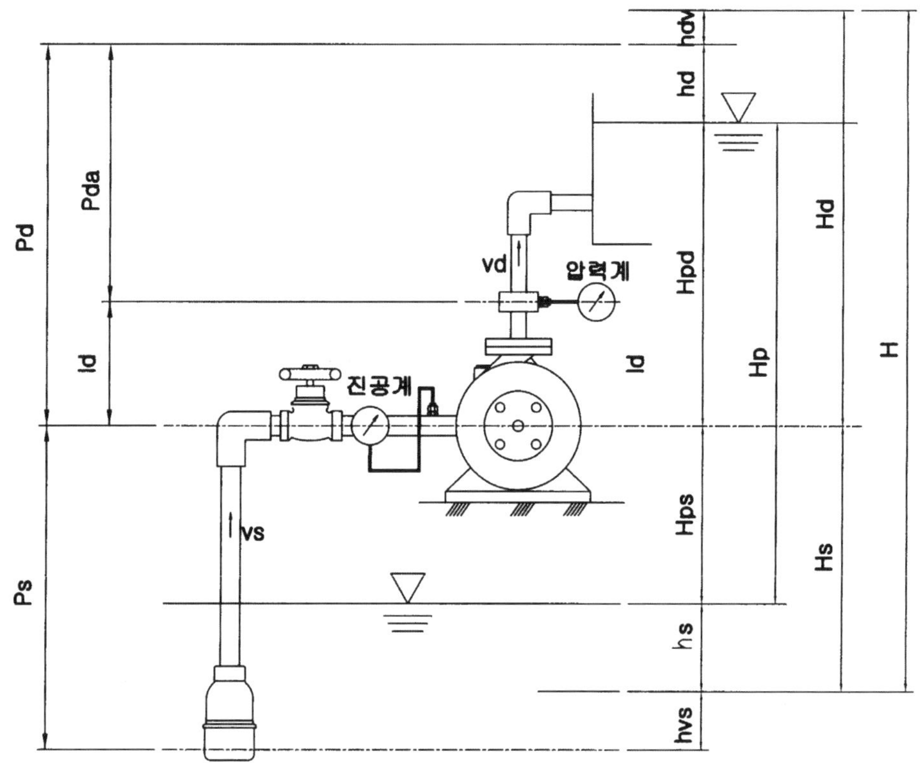

P_d : 송출측 실제압력

P_{da} : 송출측 압력계의 읽음

P_s : 흡입측 압력계의 읽음

h_{dv} : 송출측의 속도수두 ($\frac{v_d^2}{2g}$)

h_{vs} : 흡입측의 속도수두 ($\frac{v_s^2}{2g}$)

h_d : 송출측의 마찰손실수두 (m)

h_s : 흡입측의 마찰손실수두 (m)

H_p : 실양정 (m)

H : 전양정 (m)

H_d : 송출측 전양정 (m)

H_s : 흡입측 전양정 (m)

l_d : 펌프중심에서 송출측 압력공까지의 거리 ($0.44m$)

H_{pd} : 송출측 실양정 (m)

H_{ps} : 흡입측 실양정 (m)

원심펌프는 실양정 H_p외에 마찰손실수두 h_d , h_s 및 잔류속도수두 $\frac{v_d^2}{2g}$ 을 합한 것이 전양정이다.

1) 전양정 (Total Head)

$$H = h_d + h_s \qquad (1\text{-}1)$$

$$= \left(\frac{P_{da}}{\gamma} + \frac{v_d^2}{2g} + l_d\right) + \left(\frac{P_s}{\gamma} - \frac{v_s^2}{2g}\right)$$

$$= \left(\frac{P_{da}+P_s}{\gamma}\right) + \left(\frac{v_d^2 - v_s^2}{2g}\right) + l_d$$

여기서 흡입관과 토출관의 직경이 같다면 $\frac{v_d^2 - v_s^2}{2g}=0$ 이므로 다음과 같이 정리가 된다.

$$\frac{P_{da}+P_s}{\gamma} + l_d \ (m) \qquad (1\text{-}2)$$

토출측 전양정

$$H_d = P_{da} + \frac{v_d^2}{2g} + l_d \qquad (1\text{-}3)$$

여기서 l_d : 0.44m

v_d : 송출관내의 유속

흡입측 전양정

$$H_s = P_s - \frac{v_s^2}{2g} \qquad (1\text{-}4)$$

전양정

$$H = (P_d + P_s) + l_d \qquad (1\text{-}5)$$

여기서 P_s는 (-)값이 아니며 절대값의 의미로 사용되어야 한다.

즉, P_s를 계산식에 대입시 $-P_s kg/cm^2$ 이 아닌 절대값 P_s를 대입한다.

2) 유량 (Flow Volume)

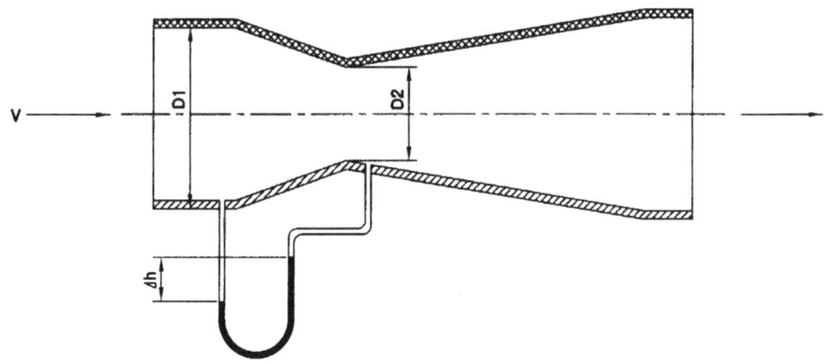

[Venturimeter]

유량측정계인 Venturi Meter로서 압력차를 Water Manometer 또는 Mercury Manometer로 측정하여 이론유량을 구하고, 실제유량과 비교하여 Venturi 유량계수를 구한다.
Bernoulli방정식에서

$$\frac{V_1^2}{2g} + \frac{P_2}{\gamma} + Z_1 = \frac{V_2^2}{2g} + \frac{P_2}{\gamma} + Z_2 \qquad \text{------------------} \quad (2\text{-}1)$$

연속방정식에서

$$A_1V_1 = A_2V_2$$

$$V_2 = \sqrt{\frac{2g\Delta h}{1-(D_2/D_1)^4}} \ (\mathrm{m/s}) \qquad \text{------------------------} \quad (2\text{-}2)$$

$$Q_2 = A_2\,V_2 = \frac{\pi}{4}\,D_2^{\,2}\sqrt{\frac{2g\Delta h}{(1-(D_2/D_1))^4}} \quad (m^3/s) \quad \text{--} \quad (2\text{-}3)$$

따라서, 벤튜리미터의 유량은

$$Q_v = C_V \cdot Q_2 = C_V \cdot \frac{\pi}{4}D_2^{\,2}\sqrt{\frac{2g\Delta h(\gamma_s/\gamma)}{(1-(D_2/D_1)^4)}} \quad (m^3/s)$$

$$= C_v \frac{A_2}{\sqrt{1-(A_2/A_1)^2}} \sqrt{2gh} \ (m^3/s) \quad \text{------------------} \quad (2\text{-}4)$$

여기서

Q_V : 벤츄리메터의 실제유량 (m^3/s)

Q_2 : 이론유량 (m^3/s)

D_1 : 직경 1 - Ø0.030(m)

D_2 : 직경 2 - Ø0.0225(m)

V : 평균속도 (m/s)

Δh : 마노메터차압 (mH20)

C_V : 유량계수 (0.98)

γ : 물의 비중 (≒ 1)

γ_s : 수은의 비중 (≒13.6)

그리고 벤츄리메터의 유량계수는 다음과 같다.

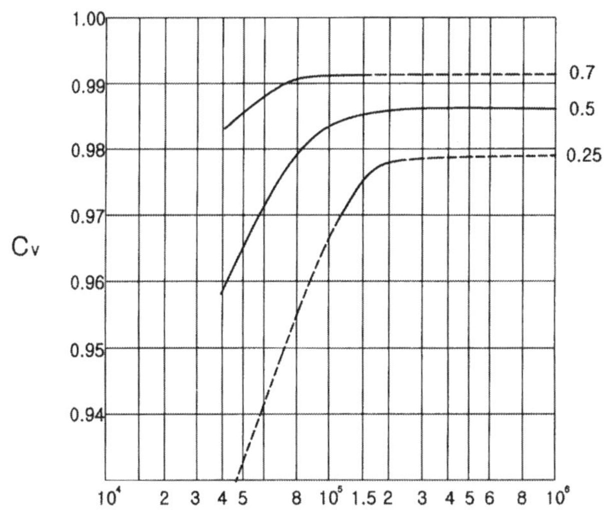

[벤츄리메터의 유량계수]

3) 동력

3.1) 수동력 (L_W)

$$L_W = \frac{\gamma QH}{75} (HP) \quad \text{------------------------------------} \quad (3.1)$$

$$= \frac{\gamma QH}{102}(Kw) \quad \text{------------------} \quad (3.2)$$

여기서, γ : 물의 비중량 (kg/m3)

Q : 토출유량 (m3/sec)

H : 전양정 (m)

3.2) 축동력 (L_s)

$$T = F \times L \quad \text{------------------} \quad (3.3)$$

$$= F \times 0.2(kg \cdot m)$$

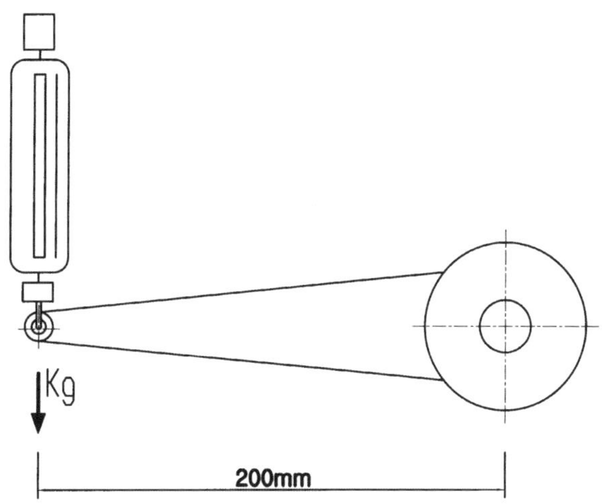

[Torque의 측정]

$$L_S = \frac{TN}{716}(HP) = \frac{TN}{974}(Kw) \quad \text{------------------} \quad (3.4)$$

여기서, F : 스프링 저울의 힘 (kg)

l : 아암의 길이 (0.2m)

T : 토르크 (kg-m)

N : 모터의 회전수

4) 효율 (η)

$$\eta = \frac{L_W}{L_S} \times 100(\%) \qquad \text{------------------------------------} \quad (4)$$

여기서, L_W : 수동력

L_S : 축동력

5) 비교회전도

$$N_s = \frac{N\sqrt{Q}}{H^{3/4}} \; m^3/\min, m, rpm \qquad \text{------------------------------} \quad (5)$$

여기서 N : 모터의 회전수 (rpm)

Q : 토출유량 ($m^3/\min$)

H : 전양정 (m)

6 실험 DATA 표

실 험 명 : 유량측정실험　　　　실 험 자 :　　　　학 번 :

장 비 명 : 펌프성능 시험장치　　　　실험일자 :　　년　월　일

No.	회전수	토 출 량 Q									
		벤츄리메터						계량수조			
	(rpm)	h_1	h_2	Δh		Q		시간	수조수위	Q	
		$mmHg$	$mmHg$	$mmHg$	mAq	m^3/sec	m^3/min	sec	m	m^3/sec	m^3/min
1	1704	48	45	93	1.26	2.34×10^{-3}	0.1406	30	0.288	2.304×10^{-3}	0.1382
2	1200	22	20	42	0.57	1.58×10^{-3}	0.0945	40	0.249	1.494×10^{-3}	0.0896
3	900	12	10	22	0.3	1.14×10^{-3}	0.0686	40	0.155	9.31×10^{-4}	0.0559
4											
5											
6											
7											
8											
9											
10											
11											
12											
13											
14											
15											

$$Q = C_v \frac{A_2}{\sqrt{1-(A_2/A_1)^2}} \sqrt{2gh} \ (m^3/s)$$

(--- 여기서 h의 단위는 mAq)

실 험 명 : 펌프성능측정실험　　실 험 자 :　　학　번 :

장 비 명 : 펌프성능 시험장치　　실험일자 :　　년　월　일

No.	회전수 (rpm)	전 양 정											
		U-마노메터 읽음						브로돈관 압력계 읽음					
		h_1		h_2		Δh	H	P_d	P_s		ΔP		H
		$mmHg$	mAq	$mmHg$	mAq	mAq	m	kg/cm^2	$cmHg$	kg/cm^2	kg/cm^2	mAq	m
1	1704	158	2.15	159	2.16	4.31	4.75	0.22	16	0.218	0.438	4.37	4.81
2	1200	60	0.82	64	0.87	1.69	2.13	0.08	8	0.109	0.189	1.89	2.33
3	900	30	0.41	34	0.46	0.87	1.31	0.03	6	0.082	0.112	1.12	1.56
4													
5													
6													
7													
8													
9													
10													
11													
12													
13													
14													
15													
16													
17													
18													
19													
20													

비고 : 수은의 비중 : 13.6

표준압력 : $1.0332 kg/cm^2 = 760 mmHg = 10.33 mAq$

전양정 : $H = (P_d + P_s) + l_d$ ------------------------------ (1-5)

$l_d = 0.44 m$

실 험 명 : 펌프전양정측정실험 | 실 험 자 : | 학 번 :

장 비 명 : 펌프성능 시험장치 | 실험일자 : 년 월 일

mmHg

No.	회전수	저울힘	토크	축동력		수동력		효 율	비교회전도
	rpm	$F(kg)$	$T(kg \cdot m)$	$L_s(HP)$	$L_s(KW)$	$L_w(HP)$	$L_w(KW)$	$\eta(\%)$	N_s
1	1704	1.12	0.224	0.533	0.392	0.147	0.108	27.6	25.2
2	1200	0.66	0.132	0.221	0.163	0.046	0.034	20.8	24.6
3	900	0.48	0.096	0.121	0.089	0.019	0.014	15.7	19.7
4									
5									
6									
7									
8									
9									
10									
11									
12									
13									
14									
15									
16									
17									
18									
19									
20									

비고 : 수동력 : $L_W = \frac{\gamma QH}{75}(HP)$ -------- (3.1) $\frac{\gamma QH}{102}(Kw)$ -------- (3.2)

축동력 : $L_S = \frac{TN}{716}(HP) = \frac{TN}{974}(Kw)$ -- (3.4)

효 율 : $\eta = \frac{L_W}{L_S}$ x 100(%) ----------- (4)

비교회전도 : $N_s = \frac{N.\sqrt{Q}}{H^{3/4}}$ --------------- (5)

6. 실험 DATA 표-1

실 험 명 : 유량측정실험 　　 실 험 자 : 　　 학 번 :

장 비 명 : 펌프성능 시험장치 　　 실험일자 : 　　 년 　 월 　 일

No.	회전수	토 출 량 Q									
		벤츄리메터						계량수조			
	(rpm)	h_1	h_2	Δh		Q		시간	수조수위	Q	
		$mmHg$	$mmHg$	$mmHg$	mAq	$m^3/\sec$	$m^3/\min$	sec	m	$m^3/\sec$	$m^3/\min$
1											
2											
3											
4											
5											
6											
7											
8											
9											
10											
11											
12											
13											
14											
15											

$$Q = C_v \frac{A_2}{\sqrt{1-(A_2/A_1)^2}} \sqrt{2gh} \ (m^3/s)$$ (--- 여기서 h의 단위는 mAq)

실 험 명 : 펌프성능측정실험 실 험 자 : 학 번 :

장 비 명 : 펌프성능 시험장치 실험일자 : 년 월 일

No.	회전수 (rpm)	전 양 정											
		U-마노메터 읽음						브로돈관 압력계 읽음					
		h_1		h_2		Δh	H	P_d	P_s		ΔP		H
		$mmHg$	mAq	$mmHg$	mAq	mAq	m	kg/cm^2	$cmHg$	kg/cm^2	kg/cm^2	mAq	m
1													
2													
3													
4													
5													
6													
7													
8													
9													
10													
11													
12													
13													
14													
15													
16													
17													
18													
19													
20													

비고 : 수은의 비중 : 13.6

표준압력 : $1.0332 kg/cm^2 = 760 mmHg = 10.33 mAq$

전양정 : $H = (P_d + P_s) + l_d$ ------------------------------- (1-5)

$l_d = 0.44m$

실 험 명 : 펌프전양정측정실험　　실 험 자 :　　학 번 :

장 비 명 : 펌프성능 시험장치　　실험일자 :　　년　　월　　일

$mmHg$

No.	회전수	저울힘	토크	축동력		수동력		효 율	비교회전도
	rpm	$F(kg)$	$T(kg\cdot m)$	$L_s(HP)$	$L_s(KW)$	$L_w(HP)$	$L_w(KW)$	$\eta(\%)$	N_s
1									
2									
3									
4									
5									
6									
7									
8									
9									
10									
11									
12									
13									
14									
15									
16									
17									
18									
19									
20									

비고 :

수동력 : $L_W = \frac{\gamma QH}{75}(HP)$ -------- (3.1)　$\frac{\gamma QH}{102}(Kw)$ -------- (3.2)

축동력 : $L_S = \frac{TN}{716}(HP) = \frac{TN}{974}(Kw)$ -- (3.4)

효　율 : $\eta = \frac{L_W}{L_S}$ x 100(%) ----------- (4)

비교회전도 : $N_s = \frac{N\sqrt{Q}}{H^{3/4}}$ --------------- (5)

14. 용적형 압축기의 시험 및 검사 방법

Testing Methods for Displacement Compressors

1 적용 범위

이 규격은 총 압력비 약 2이상의 왕복 및 회전 압축기(이하 압축기라 한다.)를 상온·상압의 공기를 사용하여 공장에서 행하는 시험 및 검사에 대하여 규정한다.

특수한 상황하에서 또는 특수 가스에 사용하는 압축기의시험 및 검사의 경우에는 인수 인계 당사자간의 협정으로 이 규격을 적절히 취사 선택하여 적용한다. 다만, 분명히 공기 충전으로 사용되는 압축기 및 축동력 5.5kW이하의 소형 왕복 압축기([1])에 대하여는 부속서에 규정된 공기탱크 충전법 또는 플로우트형 면적 유량계법에 의하여, 그 성능을 판정하여도 좋다.

주([1]) KS B 6317 (소형 왕복 공기 압축기) 에 유사한 압축기를 말한다.

비고 이 규격 중에서 { }를 붙이어 표시한 것은 국제 단위계 (SI) 및 이것을 병용할 수 있는 단위에 의한 것이며, 참고로서 병기한다.

2 용어의 뜻

이 규격에서 사용되는 주된 용어의 뜻은 다음에 따른다.

(1) 공기의 상태식 다음 식으로 표시되는 상태식

$$P = RT \qquad (1)$$

참 고 단열변화의 경우에는 다시 다음 관계식이 성립한다.

$$P = \text{정수} \qquad (2)$$

여기서

P : 공기의 정개압($kgf/m^2\ abs$) $= P_a + P$ $[Pa]$
P_a : 대가압 ($kgf/m^2\ abs$) $[Pa]$
P : 공기의 계기압 (kgf/m^2) $[Pa]$
T : 공기의 절대 온도 (K) $= 273 + t$
t : 공기 온도 (℃)
v : P, T에서의 공기의 비체적 (m^3/kgf) $[m^3/kg]$
R : 공기의 가스 정수$= \dfrac{29.27}{1-0.378\psi\dfrac{P_s}{P}}$

여기에서 P_s : 포화 증기압 ($kgf/m^3 abs$) $[Pa]$
P : 공기의 절대압 ($kgf/m^2\ abs$) $[Pa]$
ψ : 관계 습도 (소수)

κ : 공기의 단열 지수

표준 흡입 상태에서의 공기의 가스 정수 R의 값은 29.44라고 보고, 단열지수 κ의 값은 1.4라고 본다. 이들의 값은 온도 -15~40℃인 대기에 적용하여도 무방하다.

(2) 표준 흡입 상태

압축기가 온도 20℃, 절대 압력 760mmHg {1013 mbar}, 관계 습도 65%의 습공기를 흡입하는 경우의 흡입 상태,

<비고> 표준 흡입 상태에서의 공기의 단위 체적당의 중량은 1.20kgf{밀도 1.20kg/m^2}으로본다.

(3) 공기 압력

특히 명기하지 않는 한, 공기의 정압(계기압)으로 표사한다.

<비고> 정압은 흐름에 평행한 벽 표면에 공기가 미치는 압력이며, 그 표면에 수직으로 뚫은 구멍으로 측정한다.

(4) 압축기의 공기량

시험에 의해 산출된 공기량을 그 흡입 상태(대기압 P_a, 흡입 공기 온도 t_s)의 체적으로 환산하여 표시한다.

(5) 압축기의 규정 회전수

전동기 구동의 경유에는, 규정된 전원 상태, 기타의 원동기에서는 규정된 운전 상태에서 운전했을 때의 압축기 축의 단위 시간당의 회전수

<비고> 이 회전수는 압축기의 송출 압력에 따라 다소 변화하므로, 만일 그 수치를 표시할 필요가 있는 경우에는 대표적으로 규정 송출 압력에서의 압축기의 회전수를 취한다.

(6) 압축기의 축동력 압축기 축단에의 압력
<비고> 전동 장치를 사용해서 압축기를 구동하는 경우에 전동 장치의 동력 손실 측정이 곤란할 때는 전동 장치에의 압력을 압축기의 축동력으로 본다.

(7) 압축기의 소음 운전 중의 압축기 본체 주위의 소음 레벨

3 시험 및 검사 항목

3. 1 시험 항목
시험 항목은 다음에 따른다.
온도, 압력, 공기량, 회전수, 충동력, 소음, 운전 상태, 안전밸브, 언로우더

3. 2 검사 항목
검사 항목은 다음에 의한다.
토출 압력 및 공기량, 축동력, 전 단열 효율, 체적 효율, 운전 상태, 안전 밸브, 언로우더

4 시험 조건

압축기의 시험은 규정된 회전수에서 행하며, 그 방법은 다음에 의한다. 다만 전원 설비 등의 사정에 의해 압축기를 구정 회전수로 운전하기가 곤란할 경우에는 규정 회전수의 +10%, -5% 이내의 회전수로 시험하여도 무방하다.

(1) 구정 토출 압력의 $\frac{1}{4}$이하에서 구정 토출 압력을 포함한 5종류 이상의 상이한 토출 압력에 대하여 행한다. 다만, 구조상 저압력에서 운전할 수 없는 것에 대하여는 운전이 가능한 저압력에서 규정 토출 압력을 포함한 4종류의 토출 압력에서 시험하면 된다. 이 경우에는 사용 가능한 압력 범위를 명판에 표시해 둔다. 다만, 최저 사용 압력의 보압장치를 구비하는 것에 한하여, 그 표시를 생략하여도 좋다.
(2) 압축기의 시험에서는 소요 조건하에서 각 부의 온도가 거의 일정치에 도달한 것을 확인한 후 측정을 한다.

(3) 중간 냉각기를 갖는 압축기에서는 냉각 수량을 조정하여, 중간 냉각기출구의 공기 온도를 설계 온도 가까이에 맞춘다.

5 시험 장치

5. 1 시험 장치

압축기의 성능 및 운전 상태를 나타내는데 필요한 값을 정확히 측정할 수 있는 것으로 한다. 압축기의 시험장치 및 측정 장치의 배치는 원칙적으로 그림 1~3에서의 공기 탱크를 생략하여 시험할 수 있다.

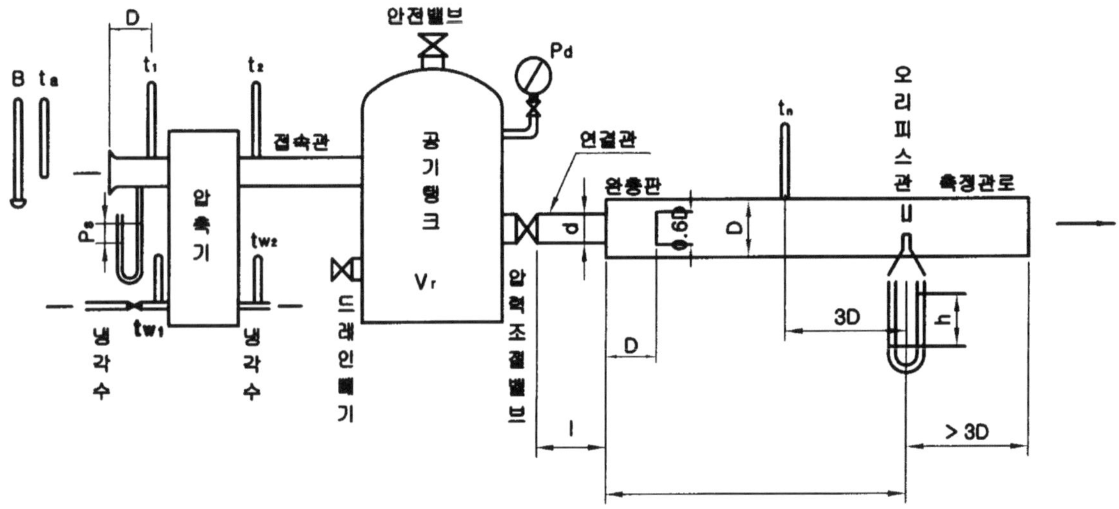

그 림 1

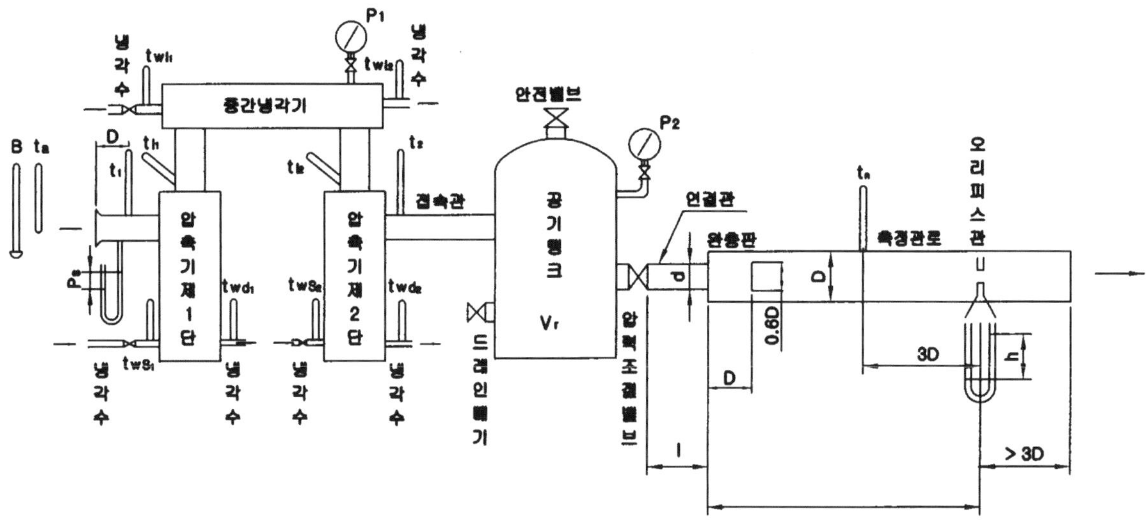
냉각수
중간냉각기
안전밸브
압축기제1단
압축기제2단
접속관
공기탱크
Vr
드레인빼기
압력조절밸브
연결관
완충판
측정관로
오리피스관
0.6D
3D
> 3D

그 림 2

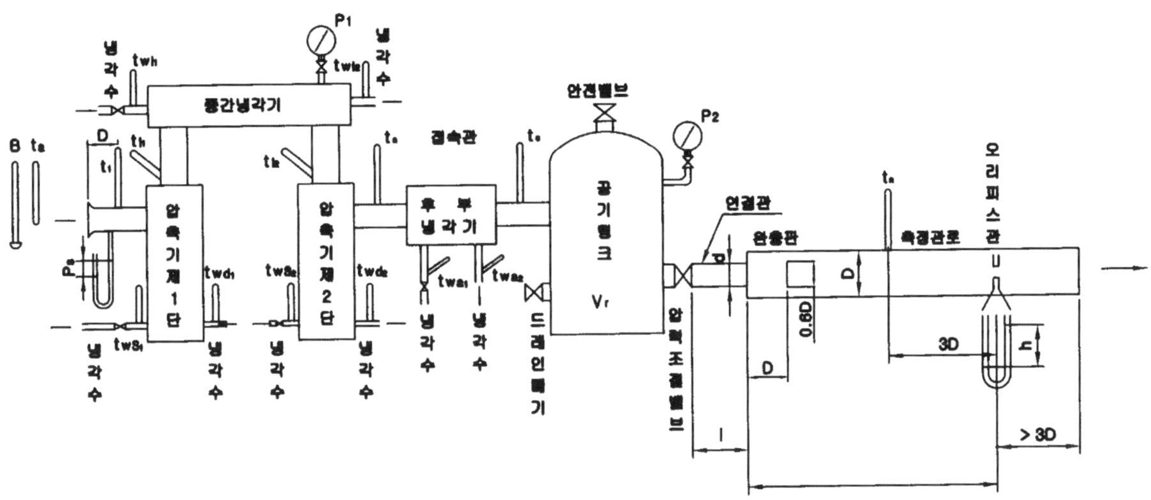
냉각수
중간냉각기
안전밸브
압축기제1단
압축기제2단
접속관
후부냉각기
공기탱크
Vr
드레인빼기
압력조절밸브
연결관
완충판
측정관로
오리피스관
0.6D
3D
> 3D

그 림 3

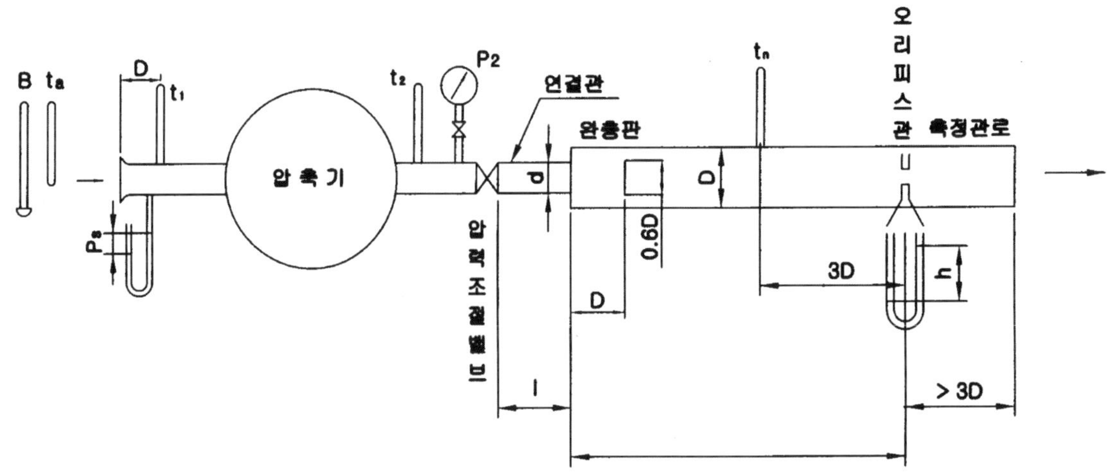

그 림 4

진 공 펌 프 의 경 우

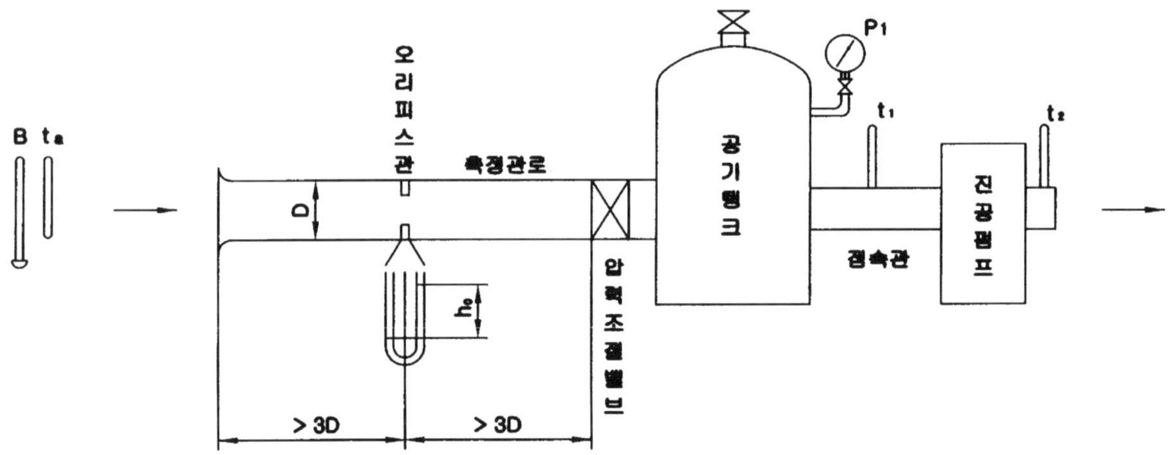

참 고 그 림

5. 2 접 속 관

압축기의 토출구와 공기 탱크를 접속하는 관에는 될 수 있는 한 굴곡 유로 면적 감소 기타 압력 손실의 원인이 되는 것을 피하고 그 길이는 공진을 일으키지 않도록 정한다. 공진을 일으키지 않는 접속관의 길이는 다음 식에 의하여 구한다.

$$L_{P_1} \leq 10\frac{C}{N} - \frac{V}{A} \quad (Z=1\text{이하의 경우}) \cdots\cdots (3)$$

또는

$$L_{P_1} = (20\sim40)\frac{C}{N} - \frac{V}{A}(Z=1 \text{ 과 } Z=2\text{의 사이의경우}) \cdots\cdots (3')$$

$$L_{P_1} = (50\sim70)\frac{C}{N} - \frac{V}{A}(Z=2 \text{ 과 } Z=3\text{의 사이의경우}) \cdots\cdots (3'')$$

여기에서 L_{P_1}, L_{P_2}, …… : 공진을 일으키지 않는 접속관의 길이(m)

C : 관속의음속(m/s)
N : 매분 토출 회수
V : 압축기내의 송출밸브에서 압축기 출구의 접속관까지의 체적(m^3)
A : 관의 단면적(m^2)
Z : 진동의 차수 1, 2, ……

<비고> $L_P = 15(2Z-1)\frac{C}{N} - \frac{V}{A}$ ……………………공진하는 길이(m)

5. 3 공기 탱크

압축기 실험에서 사용하는 공기탱크(그림 1~3 참조) 의 체적은 다음 식에서 구해지는 체적 이상으로 한다.

$$V_{¥} = \frac{200V_{¥}}{R_d}$$

여기에서

$V_{¥}$: 공기탱크의 체적(m^3)
V_c : 최종단 피스턴의 한쪽 행정의 체적(m^3)
R_d : 최종단의 압력비 = 최종단의 토출 절대압/최종단의 흡입 절대압 (kgf/cm^2) [MPa]

5. 4 측정 관로

측정 관로는 내면이 매끈한 원형 단면의 직관이며 그 입구로부터 공기량 측정기구까지의 길이는 12D이상으로 한다. (그림 1 참조) 다만, 총 압력비가 크고 측정 관로의 지름 연결관의 지름 d의 1.7배 이상 되는 경우에는 그 내부의 입구로부터 1D인 위치에 0.6D 의 완충관을 넣어 그 길이 12D를 &D까지 단축할 수 있다.

또한, 총 압력비가 작고 D=d인 경우에는 압력 조절밸브로부터 하류로 l + L의 길이를 KS B6350(터어보형 송풍기, 압축기의 시험 및 검사 방법)의 그림 4와 같이 한다.

5. 5 연결관

연결관은 원형 단면의 직관으로서, 압력 조절 밸브와 측정 관로까지의 길이는 측정 관로에 편류가 발생하지 않는 정도의 길이로 한다. 또한, 압력 조절 밸브는 연결관 내에서 편류가 적은 형식의 것이 좋다.

5. 6 대기압 및 습도 측정 기구

대기압 측정에는 폴팅형 기압계를 사용하며 습도 측정에는 건습구 습도계를 사용한다.

6 시험 방법

6. 1 온 도

6. 1. 1 장 치

장치는 사전에 교정된 1℃이하의 눈금을 새긴 수은 온도계, 열전대 저항 온도계 등을 사용한다. 기류의 온도를 측정하는 경우의 온도계 및 열전대의 온도 감지부는 기류속에 직접 돌출시킨다. [그림 5(a) 참조]

다만, 온도계가 파손될 우려가 있는 경우 또는 압력이 높아서 튀어나올 우려가 있는 경우에는 물, 기름 또는 수은이 들어있는 보호관을 사용하여도 무방하다. [그림 5(b) 참조] 보호관의 지름은 온도계 바깥지름의 약 두 배로 한다. 열전대 저항 온도계 등을 사용하는 경우에는 그때마다 교정한다.

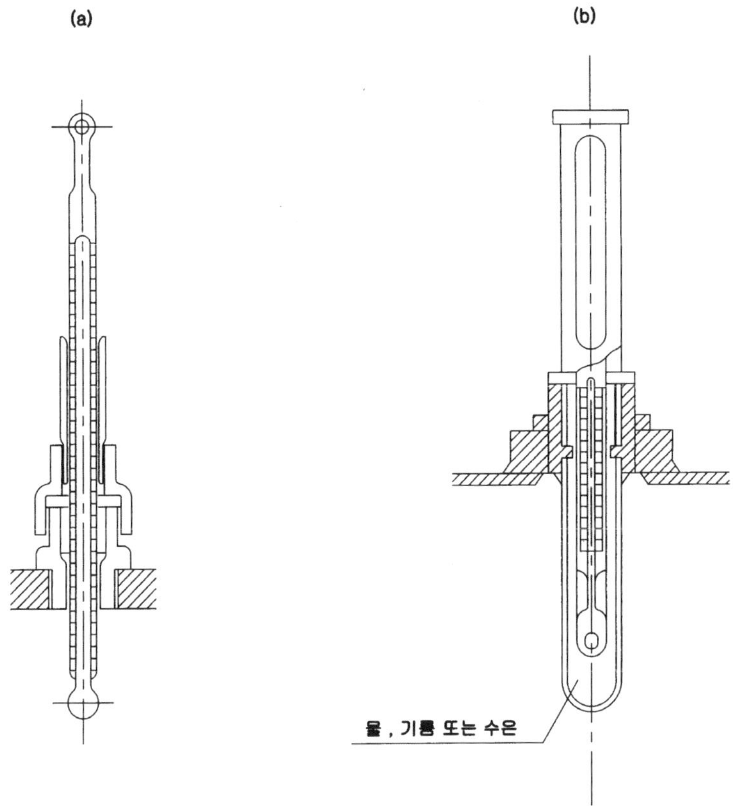

그 림 5

6. 1. 2 시 험

그림 1~4의 시험 장치에 표시된 위치에서 각 운전 상태마다 각각의 온도가 일정하게 되었을 때 행한다. 그리고, 벽에 전달되는 열 전파 및 부근에서의 방사열의 영향을 받지 않도록 주의한다.

6. 2 압 력

6. 2. 1 장 치

(1) **압력계** 단간압력 및 토출 압력을 측정하는 경우에는 원칙적으로 사전에 교정된 부루돈관 압력계를 사용한다. 부루돈관 압력계는 되도록 규정 압력의 1.5배 이상, 2배 이하의 최고 눈금을 갖는 것을 사용한다. 측정 압력이 1kgf/cm^2 { 98 kPA } 이하의 경우에는 수음 압력계를 사용하는 편이 좋다.

(2) **U자관 액주계** 오리피스판 또는 노즐 직전·직후의 압력차의 측정에는 원칙적으로 U자관 액주계를 사용하고, U자형 액주계의 액체에는 물을 사용한다. 다만, 물의 비중은 온도 0~40℃에 있어서 1이라고 본다.

U자형 액주계의 우리관의 안지름은 6~12 ㎜로 하고, 좌우 거이 같고 균일하여야 한다.

6. 2. 2 측 정

오리피스판 및 노즐의 압력차의 측정은 적어도 그 $\frac{1}{100}$까지 읽는다. 부루돈관 압력계 지침의 동요 또는 수은주 압력계의 액면의 동요가 심한 경우에는 오차가 나타나지 않을 정도로 게이지 콕 또는 연결관을 좁혀도 지장은 없다.

6. 3 공 기 량

6. 3. 1 장 치

(1) 오리피스판

(a) 오리피스관의 구조는 KS A 0612 (조임기구에 의한 유량 측정 방법) 에 따라 그 형상 및 치수를 그림 6 에 표시한다.

(b) 압력 취출 방법은 KS A 0612 중의 모서리탭으로 하여 취출구의 구조 및 위치를 그림에 나타낸다. 축류탭 또는 플랜지탭에 의한 경우에는 KS A 0611 의 해당 항목에 따른다.

(c) 오리피스판의 크기는 관의 안지름이 50~1000㎜, 드로틀 면적비 $\beta^2 = (\frac{d}{D})^2$는 0.05~0.64 의 것을 사용한다. 그 압력차는 50 mmAq {490Pa}이상으로 되도록 택하는 것이 좋다.

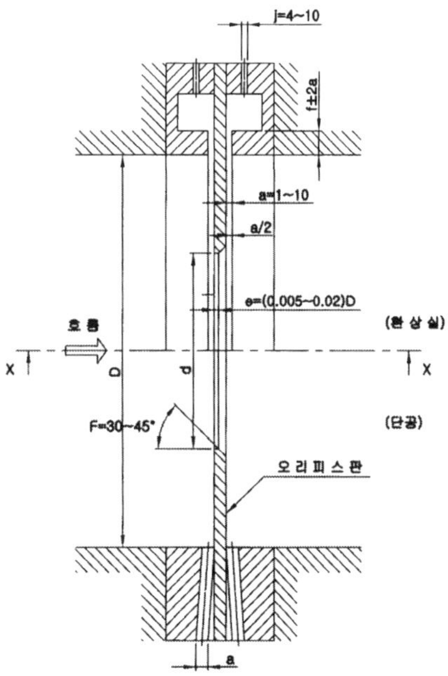

D : 관 안지름 50~1000
a : 단공의지름또는슬릿의폭
$\beta \leqq 0.65$의 경우 $a \leqq 0.03D$
$\beta > 0.65$의 경우 $0.01D \leqq a \leqq 0.02D$
β 의 값에 관계없이 $a = 1 \sim 10$
f : 슬릿의 두께
j : 도압관 접속 구멍 지름
d : 드로틀의 구멍 지름
H : 오리피스판의 두께
e : 에지의 두께
F : 여유각
XX : 오리피스판의 회전 중심축

그 림 6 오리피스판

(2) 노 즐

(a) 노즐의 구조는 KS A 0612 의 IS A 1932 노즐로 하고, 그 형상 및 치수를 그림 7에 나타낸다.

(b) 압력 인출 방법은 KS A 0612 중에서 모서리 탭으로 하며 취출구의 구조 및 위치를 그림 7(a)에 나타낸다.

(c) 노즐의 크기는 관의 안지름이 50~1000mm, 드로틀 면적비 β^2은 0.1~0.64 인 것을 사용한다. 그 압력차는 50 mmAq {490 Pa}이상으로 되도록 택하는 것이 좋다.

(3) 유 량 계   사전에 교정된 ±2% 이내의 정확성을 지닌 유량계(부속서 참조)를 사용한다.

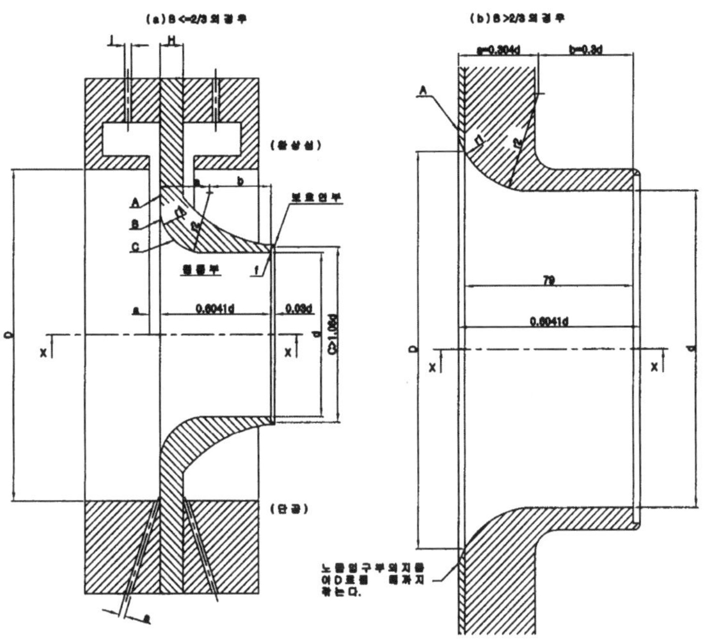

d: 관 안지름 50 1000

a: 오리피스판의 경우와 같음

d: 드로틀(원통부)의 구멍 지름

H: 두 께

C: 보호연부의 지름

β 0.5의 경우

$\gamma_1 = 0.2d \pm 0.02d$

$\beta \geqq 0.5$

$\gamma_1 \geqq 0.2d \pm ..$

$\beta < 0.5$

$\gamma_1 = \frac{d}{3} \pm \frac{d}{30}$

$\beta \geqq 0.5$

$\gamma_2 = \frac{d}{3} \pm \frac{d}{100}$

그 림 7 IS A 1932 노즐

6. 3. 2 측 정

그림 1~4에 제시된 시험 장치를 사용하여 오리피스판 또는 노즐로서 행한다. 다만, 소형 왕복 압축기의 경우에는 유량계를 사용하여도 좋다. 측정하는 경우에는 입구가 벽과 바닥으로부터 적당한 거리를 유지하여 흐름이 치우치는 일이 없고, 또 이물을 흡입하지 않도록 저항이 적은 철망을 씌우는 것이 좋다.

6. 3. 3 산 출

(오리피스판 또는 노즐을 사용한 경우) 다음 식으로 산출한다.

$$Q=\frac{60\alpha\varepsilon A}{\gamma_s}\sqrt{2g\gamma h}=\left\{\frac{60\alpha\varepsilon A}{\rho_s}\sqrt{2gh}\right\}\cdots\cdots(5)$$

여기서

Q : 흡입 공기량 (m^3/min)

A : 원공 면적 = $\frac{\pi}{4}d^2\ (m^2)$

d : 드로틀 또는 드로우트의 구명 지름 (m)

α : 유량 계수

ε : 공기의 팽창에 따른 수정 계수

g : 차유 낙하의 가속도 $(9.8m/s^2)$

γ : 오리피스판 또는 노즐 직전에서의 공기의 단위 체적당의 중량 (kgf/m^3) {ρ : 밀도(kg/m^3)}

γ_s : 흡입 공기의 단위 체적당의 중량 (kgf/m^3) {ρ_s : 밀도 (kgf/m^3)}

h : P_1-P_2: 오리피스판 또는 노즐 직전·직후의 압력차 (kgf/m^2 또는 $mmAq$) {Pa}

유량 계수 및 그 적용 레이놀즈수 범위는 종류별로 다음에 제시한다. 여기서 레이놀즈수 R_D는 다음 식에 의해 산출한다.

$$R_D=\frac{vD}{\nu}\cdots\cdots(6)$$

여기에서 v : 관로내 공기의 평균 유속 (m/s)

D : 관로의 안지름 (m)

ν : 공기의 동점성 계수 (m^2/s)

(1) **오리피스판의 유량 계수** 오리피스판의 유량 계수 (모서리탭) α의 드로틀 면적비 β^2에 대한 값은 그림 8에 의한다. 다만 그 적용 범위는 다음에 따른다.

$$10^3 \leq R_D \leq 2\times10^6$$

$$0.05 \leq \beta^2 \leq 0.64$$

$$50 \leq D \leq 1000mm$$

비 고 R_D가 위의 범위 이외의 경우에는 KS A 0612를 참조할 것.

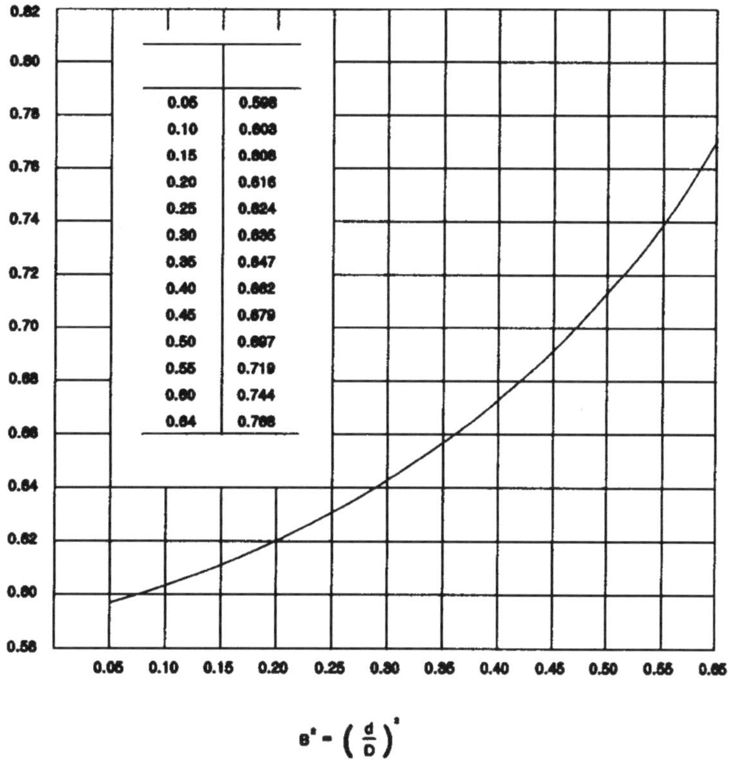

그 림 8 오리피스판의 유량 계수

(2) 노즐의 유량 계수　　노즐의 유량계수 α 의 드로틀 면적비 β^2에 대한 값은 그림 9에 따른다. 다만, 그 적용범위는 다음에 의한다.

$$10^3 \leqq R_D \leqq 2\times10^6$$

$$0.1 \leqq \beta^2 \leqq 0.64$$

$$50 \leqq D \leqq 1000mm$$

비 고 R_D 가 위의 범위 이외의 경우에는 KS A 0612를 참조할 것.

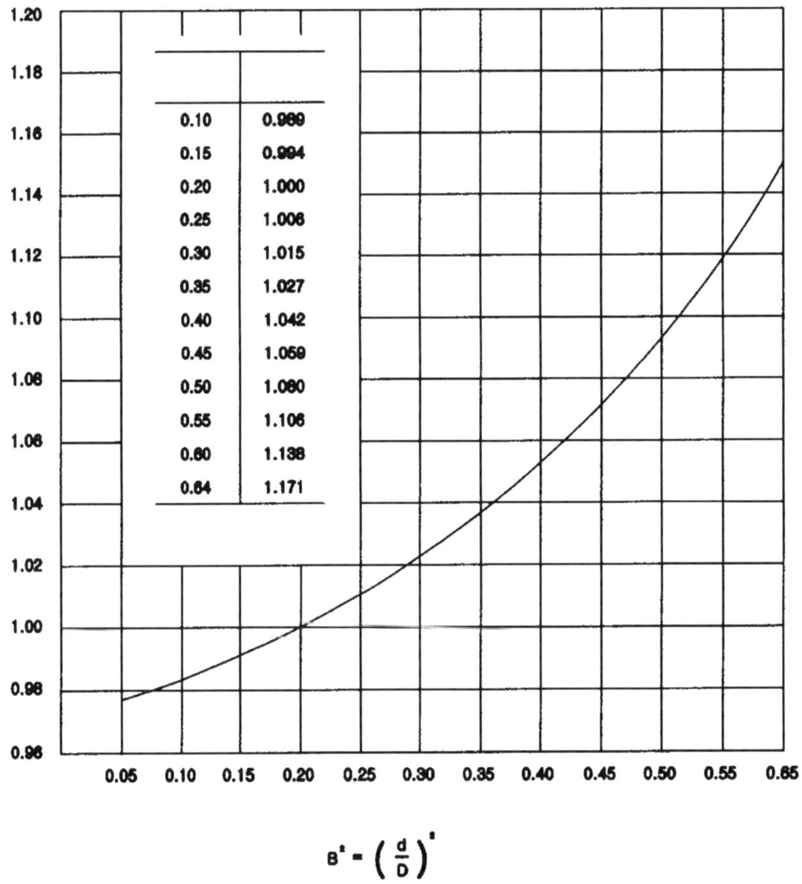

0.10	0.989
0.15	0.994
0.20	1.000
0.25	1.006
0.30	1.015
0.35	1.027
0.40	1.042
0.45	1.059
0.50	1.080
0.55	1.106
0.60	1.138
0.64	1.171

그 림 9 노즐의 유량 계수

(3) 공기의 팽창에 따른 수정 계수 오리피스판 또는 노즐을 사용한 경우의 공기 팽창에 따른 수정계수 ε은 그림 10 및 그림 11에 따른다.

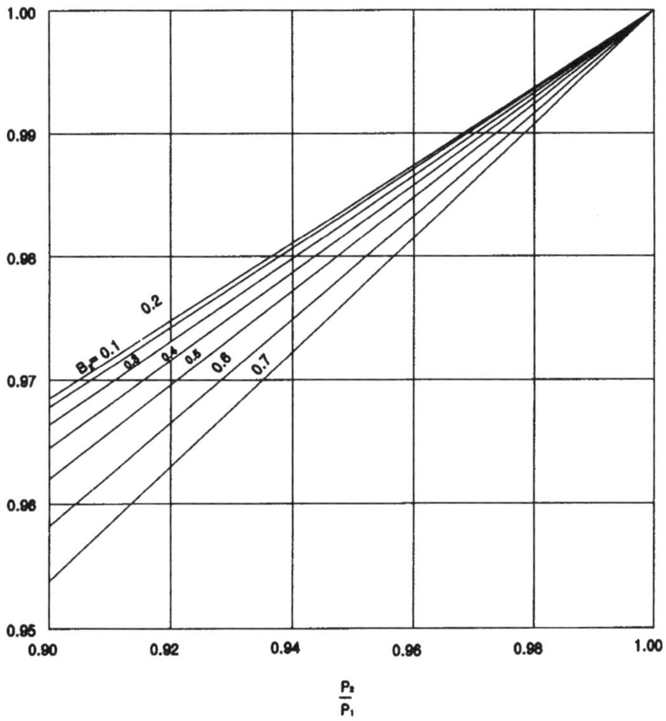

그 림 10 오리피스판의 수정 계수

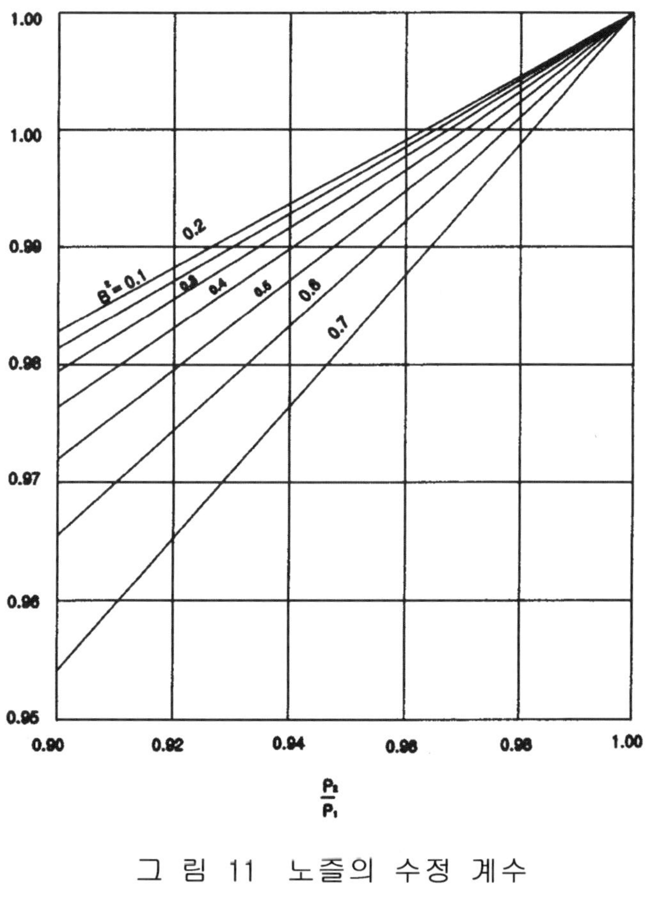

그 림 11 노즐의 수정 계수

6. 4 회 전 수

6. 4. 1 장 치　장치는 각각 사전에 교정된 직독 회전계, 전기 회전계 등을 압축기의 구조에 따라 선택 사용한다. 직독 회전계 및 전기 회전계의 최대 눈금은 측정하고자 하는 회전수의 3배 이하로 한다.

6. 4. 2 시 험　적산 회전계를 사용하는 경우에는 측정 시간을 30초 이상으로 한다. 그리고 회전수의 측정은 동일 조건에서 2~3회 행하여 그 평균치를 취한다.

6. 5 축 동 력

6. 5. 1 장 치　장치는 동력계를 사용하든가 또는 정확한 시험에 의해 효율이 명백한 전동기를 사용하고 전력계를 사용한다.

6. 5. 2 시 험　6. 5. 1 의 기구를 사용하여 측정한다.

6. 6 소 음

6. 6. 1 장 치　장치는 KS C 1502 (지시 소음계)에 따른다.

6. 6. 2 시 험　압축기의 사용 상태 또는 그것에 가까운 상태에서 KS A 0701 (소음도 측정방법)에 의해 행하고 소음레벨은 그 음의 대소에 관계없이 원칙적으로 소음계의 청감 보증 회로의 A특성에서 측정한다.

그리고, 참고로서 B, C특성으로 측정하여 두는 것이 바람직하다. 측정치에는 사용한 특성명을 부기한다.

보 기 : 80 폰(A), 90 폰(C)　또는 80 dB(A), 90 dB(C)

마이크로폰의 위치는 그림 12에 제시하는 바와 같이 본체의 주위 3방향(원동기측을 제외함)에 본체의 표면에서 1.5m의 거리로 한다.

그리고 본체의 길이 또는 폭이 2m를 초과 4m이하의 경우에는 그 방향에 대해 두 군데 4m를 초과 6m이하의 경우에는 세 군데(이하 이것에 준함)로 하여 수평형의 경우에는 회전 축심 또는 행정축심을 포함하는 수평면상, 수직형의 경우에는 행정 축심을 포함하는 수직면상에서 높이의 대략 중심으로 한다. 다만, 대형의 것이라도 마이크로폰의 높이는 설치 바닥위 2m를 초과할 필요는 없다.

(a) 수평형 왕복 압축기

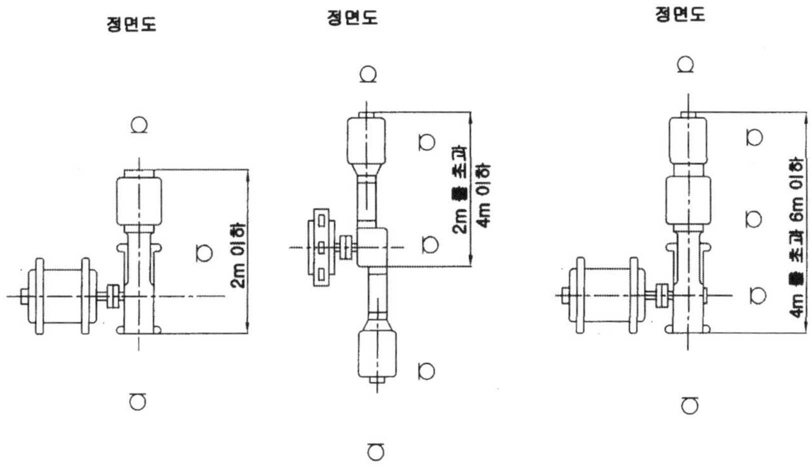

(b) 수직형 왕복 압축기

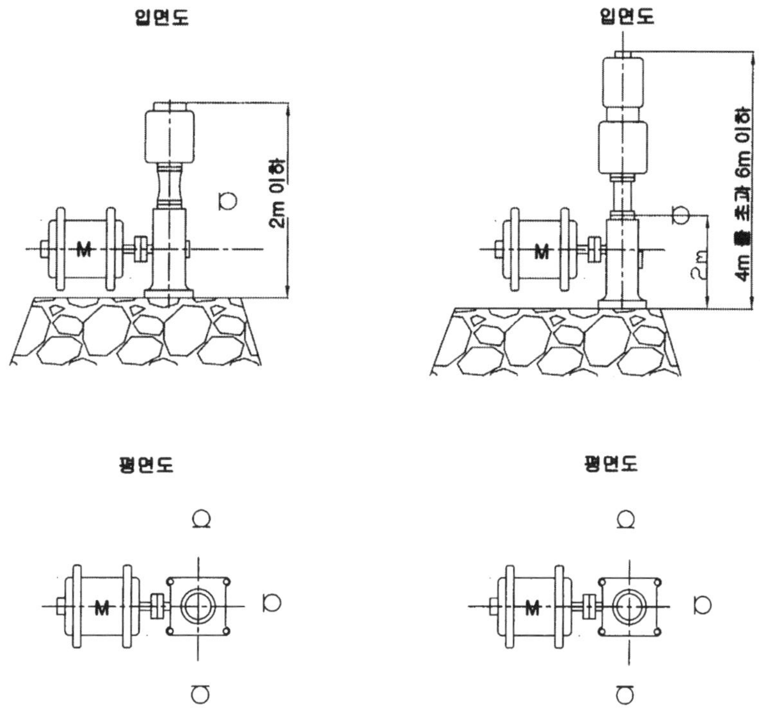

비고 1. ○는 마이크로폰의 위치를 표시한다.
2. M는 전동기를 표시한다.

그 림 12 소음 측정 위치

6. 7 운전 상태

6. 7. 1 베어링 온도

6. 7. 1. 1 장 치　장치는 6. 1. 1에 따른다.

6. 7. 1. 2 시 험　구정의 부하 상태에서 연속 운전을 했을 경우의 베어링 온도를 측정한다. 그리고 냉각 장치가 있는 것은 냉각기의 냉각수의 온도가

사용 상황에서의 최고 온도라도 충분히 냉각 목적을 달성하도록 주의 한다. 또, 베어링의 기름은 원활하게 윤활하며, 그리고 외부에 누설하지 않도록 한다.

6. 7. 2 진 동 　구정의 운전 상태에서 비정상적 진동 또는 소음의 유무를 조사한다. 그리고, 진동은 그 베어링 또는 그 부근에서 측정한다.

6. 8 안전 밸브 　압축기의 토출측 슬루우스 밸브를 전폐하여도 내부 압력이 압축기의 규정 압력 이상 10% (규정 압력이 5kgf/cm^2 {490kPa}이하의 것에 대하여는 0.5kgf/cm^2 {49kPa}를 초과하지 않도록 조절하여 규정 압력 이상에서 안전 밸브의 작동 상황 및 송출 능력을 확인한다.

6. 9 언로우더 　구정 압력 범위에서 언로우더의 작동 상태 및 작동 압력 (2)과 그 복귀 압력 (3)을 측정한다. 또, 언로우더가 작동하고 있는 경우 그 압력 변화 및 축동력을 측정한다. 주 (2) 언로우더의 작동 압력이란, 공기탱크의 압력이 상승했을 때, 압축기가 토출을 중지 또는 송출량을 감소하도록 언로우더가 작동하는 압력을 의미한다. (3) 언로우더의 복귀 압력이란, 공기탱크의 압력이 강하했을 때, 다시 압축기가 토출을 시작하든가 또는 토출량을 증가하도록 언로우더가 작동하는 압력을 의미한다.

7 규정 회전수에의 환산

압축기를 규정 회전수(n_t)로 시험한 경우, 그 결과를 다음 식에 의하여 환산한다.

$$\text{규정회전수에서의 공기량 및 축동력} = (\text{시험회전수에서의 공기량 및 축동력}) \times \left(\frac{n}{n_t}\right) \quad \cdots\cdots(7)$$

8 시험 성적표

시험 성적표는 다음에 따른다.

(1) 시험에서 얻은 기록은 이것을 표에 기입한다. 이 표에는 압축기의 제조자명, 형식, 제조 번호, 시험 번호, 시방 및 이에 대한 시험 성적, 시험 방법, 동력 전동 방법, 시험 년 원 일, 시험자명, 시험에 사용한 원동기에 관한 사항 등을 명기한다. 그 보기를 부표에 제시한다.

(2) 성능은 필요에 따라 곡선도로써 이를 표시하는 것이 좋다.

성능 곡선도는 횡축에 송출 압력을 취하고, 종축에 공기량, 원동기 출력, 회전수, 체적 효율, 온 단열 효율 등을 가가 적당한 척도로 취하여 부표의 그림과 같이 도시한다.

9 검사 방법

9. 1 토출압력 및 공기량 6. 2 및 6. 3에 의하여 시험을 행하여 규정점에서 다음의 판정 기준 I 또는 II를 만족하여야 한다.

판정 기준 I ………… 범용 압축기의 경우

규정 압력에서의 공기량은 규정 공기량이거나 또는 그것보다 커야 한다.

판정 기준 II ………… 공기량의 허용 범위가 특히 제한되는 경우

규정 압력에서의 공기량은 구정 공기량이거나 또는 구정 공기량의 110% 이내이어야 한다.

9. 2 축동력 6. 5 에 따라 시험을 하여, 구정 압력에서의 원동기의 규정 동력을 초과해서는 안된다.

비 고 시험 회전수가 규정 회전수와 다를 경우는 7. 에 의하여 환선한다.

9. 3 온 단열 효율 규정 회수에서의 온 단열 효율을 다음 식에 의해서 산출하여 규정치를 만족 하여야 한다.

$$\eta_{ab}=\frac{L_{ab}}{L_t}\times 100 \quad \cdots\cdots(8)$$

여기에서

η_{ab} : 온 단열 효율 (%)
L_s : 압축기의 축동력 (kW)
L_{ab} : 이론 단열 공기 동력(4) (kW)

주 (4) 압축기가 단열 압축하는 것으로 하여, 이론 단열 공기 동력 (L_{ab})은 다음 식에 의하여 산출한다.

$$L_{ab}=\frac{(a+l)k}{k-1}\cdot\frac{P_1Q_1}{6120}\left[\left(\frac{P_2}{P_1}\right)^{\frac{k-1}{(a+1)k}}-1\right]\ (kW)$$

$$\left\{= \frac{(a+1)k}{k-1} \cdot \frac{P_1Q_1}{6\times10^4}\left[\left(\frac{P_@}{P_!}\right)^{\frac{k-1}{(a+1)k}}-1\right]\right\} \cdots\cdots(9)$$

여기에서

P_1 : 흡 입공기의; 절대압 (kgf/m^2) [Pa]
Q_2 : 흡입 상태로 환산한 공기량 $(m^3/\min)$
k : 공기의 단열 지수
P_2 : 토출 공기의 절대압 (kgf/m^2) [Pa]
a : 중간 냉각기의 수

비 고　1. 이론 단열 공기 동력은 a=0으로 하여 각 단마다 계산하여도 좋다. a를 사용하여 총괄적으로 계산하는 경우에는 각 단의 압력비가 서로 같고, 각 단의 입구 공기 온도가 거의 같은 값까지 냉각되어 있어야 한다.
2. 시험 회전수가 규정 회전수와 다를 경우에는 7. 에 의하여 환산한다.

9. 4 체적 효율

압축기의 체적 효율은 다음 식에 의해 산출하고, 규정치를 만족하여야 한다.

$$\eta_v = \frac{Q_s}{Q_{th}} \times 100 \cdots\cdots(10)$$

여기에서

η_v : 체적 효율 (%)
Q_s : 흡입 상태로 환산한 공기량 $(m^3/\min)$
Q_{th} : 압축기의 배기량 $(m^3/\min)$

9. 5 운전 상태

9. 5. 1 **베어링 온도**　6. 7. 1에 의하여 시험을 행하여 특별한 규정이 없는 경우에는 주위의 공기 온도보다 40℃ {K} 이상 높아져서는 안 된다.

9. 5. 2 **진 동**　6. 7. 2에 의하여 시험을 행하여 비정상적인 진동 또는 소음이 있어서는 안된다.
그리고 참고로서 진동의 허용치는 표 1 에 제시한다. 회전 압축기는 KS B 6350의 그림 20 참조.

표 1 (참 고)
(베어링 위 또는 그 부근에서)

왕 복 압 축 기	
형 식	온 진폭(㎛)
단 렬 형 (5)	150 이하
다 렬 형 (5)	80 이하
대 향 평형형	20 이하

주 (5) 여기서 말하는 단열형이란 연결봉이 하나인 것이며 탠덤형을 포함한다. (6) 여기서 말하는 다열형이란, 연결봉이 복수인 것이며 성(星)형을 포함한다.

비 고 내연 기관 구동 또는 공기 탱크 위에 설치되어 있는 소형 압축기는 제외한다.

9. 6 안전 밸브 6. 8 에 의해 시험을 행하여 공기 탱크의 송출축의 슬루우스 밸브를 전폐하여 압축기를 운전하여도 공기 탱크의 최고 사용 압력의 110%를 초과하여서는 안 된다. 그리고, 법구 그 밖의 다른 구정의 적용을 받는 것은 그 법규 또는 규정에 따른다.

9. 7 언로우더 6. 9. 1 에 의해 시험을 행하여 언로우더가 작동하고 있는 경우, 송출측의 슬루우스밸브를 전폐하여도 공기탱크의 압력은 상승하여서는 안 된다. 다만, 흡기 폐색형 언로우더를 사용하는 것에서는 다소의 상승을 허용하지만, 그 상승 범위는 안전밸브가 작동하지 않는 정도까지로 한다.

부 표 왕복 압축기 시험 성적표

주 문 자 ______ 제조번호 ______ 시험시행일 년 월 일

시험(정리)번호 ______

크기·형식 ______ 용 도 ______ 입 회 자 ______

규 정 항 목	공기량( )	토출압력( )	배기량( )	회전수( )	동 력 ( )	가스체적당의 중량 · 온도

계 측 항 목		1	2	3	4	5	6	7	8
공기량	측정의 눈금값 ( )								
	수정계수 ( )								
	공기온도 (℃)								
	공기량 (m^3/min)								
압력	흡입 압력 (kgf/cm^2)								
	토출 압력 (kgf/cm^2)								
	흡입 온도 (℃)								
	토출 온도 (℃)								
이 론 동 력 (kW)									
원동기	주파수(회전수)(rpm)								
	전 압 (V)								
	전 류 (A)								
	효 율 (%)								
	출 력 (kW)								
전동장치의 효율 (%)									
압축기 회전수 (rpm)									
축 동 력 (kW)									
온 단열 효율 (%)									
규정·상환 규로 태산	공기량 (m^3/min)								
	출동력 (kW)								
	회전수 (rpm)								
베어링온도 축이음/반대 (℃)									
베어링진동 축이음/반대 (μ)									
체 적 효 율 (%)									

전동기요목
(부속 · 시험 용)

형 식
출 력(kW)
주파수(Hz)
전 압(V)
전 류(A)
회전수(rpm)
제조 번호
제조자 명
공기량 측정장치
측정기 치수
면적비
유량 계수
시험 장치도
전압계배율
전류계배율
전력계배율
대기 온도(℃)
습 도
압 력
단위체적당의 중량 (kgf/m^3)
시동시
정지시
연속운전시간

계 측 항 목		1	2	3	4	5	6	7	8
	압 력 (kgf/cm)								
	공기온도 입구 (°C)								
	공기온도 출구 (°C)								
냉각수	중간냉각기입구 (°C)								
	중간냉각기출구 (°C)								
	실린더 입구 (°C)								
	실린더 출구 (°C)								
	수 량 (°C)								

소 음 ______________________

비 고 ______________________

____

____

제조자 명 ______________________

시험자 명 ______________________

____

____

____

성능 곡선도

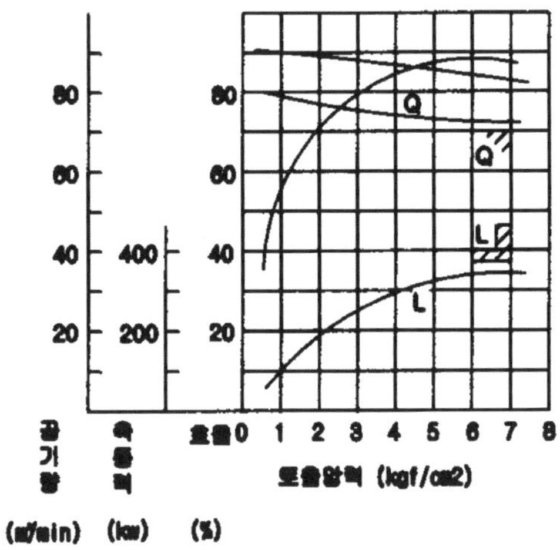

제 정 자 : 공업 진흥청장

제　　정 : 1978-12-29 공업 진흥청 고시 제 13628 호

이 규격에 대한 의견 또는 질문은 공업 진흥청 표준국으로 연락하여 주십시오.

한국 공업 규격은 공업 표준화법 제 11조의 규정에 따라 3년마다 공업 표준 심의회에서 심의되어 확인, 개정 또는 폐지됩니다.

부 속 서

총 압력비 30이하의 공기 탱크 충전용 및 축동력 5.5kW 이하의 소형 왕복 압축기의 시험 방법

압축기의 시험은 그 것에 부속하는 원동기와 조합하여 행한다. 다만, 원동기를 부속하지 않고 출하하는 압축기를 시험하는 경우에는 부속될 것으로 예상되는 원동기와 출력이 거의 동일한 전동기를 사용하여 시험하여도 좋다.

1. 공 기 량

1. 1 공기탱크의 충전에 의하는 경우

사용상 탱크에 충전을 하기만 하는 압축기에서는 공기 탱크의 충전 시험에 의하여 공기량을 측정하여도 좋다.

(1) 충전 시험은 압축기의 출구에 공기탱크를 설치하고 압축기를 운전하여 공기탱크의 압력을 대기압에서 규정 압력까지 상승시켜 그 것에 필요로 하는 시간 및 각 부의 온도를 측정하고 (3)에 의하여 그 것의 토출 공기량을 계산한다. 압력을 규정 압력까지 상승시킨 후는 이 것을 일정하게 유지하도록 탱크의 토출구의 밸브를 조절하여 연속 운전을 행하고 압축기의 운전상황을 확인한다.

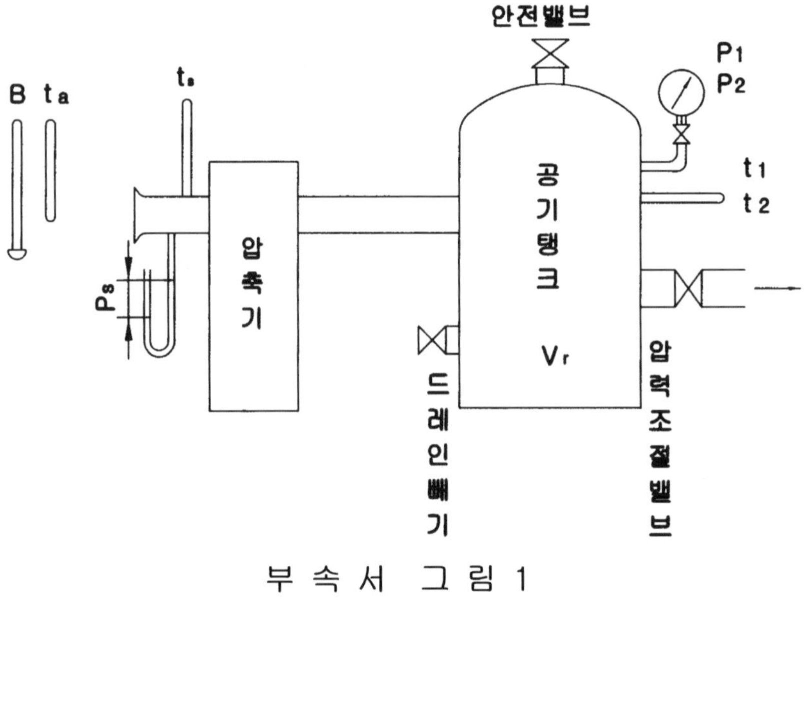

부 속 서 그 림 1

비 고 1. 온도 측정에는 시간적 지체가 일어나기 쉬우므로 온도계를 예민한 것을 사용하여 탱크내의 평균온도가 측정될 수 있는 장소에 삽입한다.

2. 압력계는 맥동을 수반하는 경우가 있으므로 맥동이 없도록 압력계용 콕 또는 밸브를 드로틀하는 방법을 사용하는 것이 좋다.

3. 탱크 토출구의 압력 조절밸브는 개방 상태에서 탱크 내 압력이 상승하지 않도록 충분히 큰 것이 좋다.

4. 계측용 시계는 사전에 교정된 최소 눈금 $\frac{1}{5}$초의 것을 사용한다.

(2) 충전 시험에 사용하는 공기 탱크는 대기압에서 규정 압력까지 올리는데 5분간 이상의 시간을 소요하는 크기의 것으로 한다. 다만, 압축기에 부속하는 공기 탱크를 사용하는 경우에는 5분 이내의 것이라도 좋다.

(3) 공기 탱크 충전 시험에 의한 평균 공기량은 다음 식에 의하여 산출한다.

$$Q_{sm} = \frac{V_{\text{ɣ}}}{t} \cdot \frac{T_s}{P_s}\left(\frac{P_2}{T_2} - \frac{P_1}{T_1}\right) \quad \cdots\cdots(11)$$

여기에서 Q_{sm} : 흡입 상태로 환산한 평균 공기량 $(m^3/\min)$

$V_{\text{ɣ}}$: 공기 탱크의 체적 (m^3)

t : 충전에 필요한 시간 (min)

P_s : 흡입 공기의 절대압 $(kgf/cm^2 abs)$ $[kPa]$

P_1 : 공기 탱크내의 처음의 공기 절대압 $(kgf/cm^2 abs)$ $[kPa]$

P_2 : 공기 탱크내의 마지막의 공기 절대압 $(kgf/cm^2 abs)$ $[kPa]$

T_s : 흡입 공기의 절대 온도 = 273 + t_s (K)

T_1 : 공기 탱크내의 처음의 공기 절대 온도 = 273 + t_s (K)

T_2 : 공기 탱크내의 마지막의 공기 절대 온도 = 273 + t_s (K)

1. 2 플로우트형 면적 유량계를 사용하는 경우

압축기의 출구에 공기탱크(부속하는 탱크라도 좋다.)를 설치하여 탱크내 압력을 규정 압력으로 유지하여 연속 운전을 행하여 그 운전 상태가 안정되었을 때 본문 6. 3 에 준하여 송출 공기량을 측정한다. 송출 공기량을 측정한다. 송출공기량의 측정은 사전에 교정된 ± 2% 이내의 정밀도를 지닌 습식 가스미터 또는 플로우트형 면적 유량계 (1)에 의하여 측정한다. 이 경우 꼭 온도 및 압력의 보정을 행한다.

유량계 (1)는 편류 및 맥동이 없는 측정 관로의 말단에 설치하고 플로우트형의 경우에는 수직으로 습식 가스 미터의 경우에는 수평으로 설치한다. 보정에 필요로 하는 온도 및 압력의 측정은 유량계의 직전에서 행한다. (그림 2 참조)

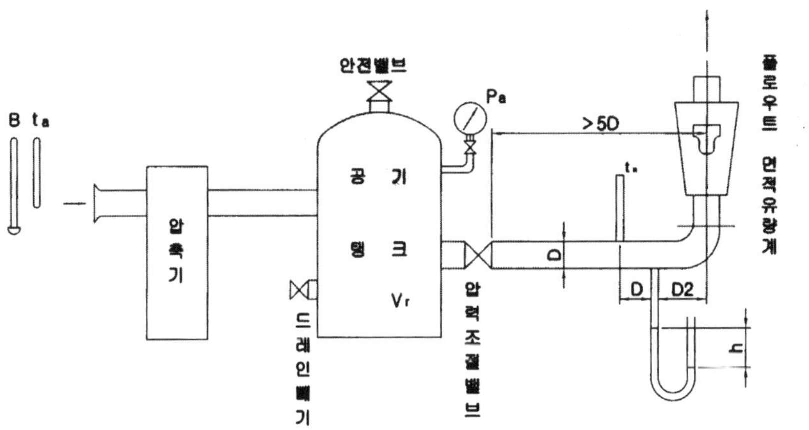

부속서 그림 2

주 (1) KS A 0611(플로우트형 면적 유량계에 의한 유량 측정법) 참조.
공기량의 온도 및 압력의 보정은 다음 식에 의하여 행한다.

1. 2. 1 습식가스미터의 경우

$$Q_s = Q_m \frac{273 + t_s}{273 + T} \times \frac{P_a + h}{P_a} \quad \cdots\cdots (12)$$

1. 2. 2 플로우트형 면적 유량계의 경우

$$Q_s = \frac{Q_m}{17.12} \times \frac{273 + t_s}{\sqrt{273 + t_m}} \quad \cdots\cdots (13)$$

여기에서 Q_s : 흡입 상태로 환산한 공기량 (l/min 또는 m^3/min)

Q_m : 유량계의 눈금값 (l/min 또는 m^3/min)

h : 유량계직전의 압력 ($mmAq$) [Pa]

P_a : 대기압 ($mmAq$) [Pa]

t_s : 압축기의 흡입 공기 온도 (℃)

t : 습식 가스미터의 입구·출구의 공기 온도의 평균 (℃)

t_n : 플로우트형 면적 유량계 직전의 공기 온도 (℃)

다만, 플로우트형 면적 유량계의 설계 시준은 20℃, 760mmHg {1013mbar}, 공기의 단위 체적당의 중량 γ = 1.20 kgf/m^3 {밀도 1.2kg/m^3}이며 h는 100mmag {980 Pa} 이하의 경우로 한다.

2. **축 동 력** 본문 6. 5 에 따른다.

3. **평균 체적 효율** 공기탱크 충전 시험에 의한 체적 효율은 평균 체적 효율이며, 다름 식에 의하여 산출한다.

$$\eta_{vm} = \frac{Q_{sm}}{Q_{ts}} \quad \cdots\cdots (14)$$

여기에서 η_{vm} : 평균 체적 효율 (%)

Q_{sm} : 흡입 상태로 환산한 평균 공기량 (m^3/min)

Q_{ts} : 압축기의 배기량 (m^3/min)

4. **운전 상태** 본문 6. 7 에 따른다.

5. **압력 강하 시험** 공기탱크를 부속하고 있는 압축기에 대하여는 압축기를 운전하여 공기탱크 내의 압력이 규정 압력에 도달했을 때, 압축기를 정지하고 30분간 방치하여 그 압력 저하가 압축기의 규정 압력의 10%이하로 한다. 다만, 자동 언로우더를 갖는 것에 대해여는 15%이하로 한다.

6. **압축기에 부속하고 있는 공기탱크의 안전밸브 시험** 본문 6. 8 에 따른다.

7. **압력 개폐기 및 자동 언로우더 시험** 본문 6. 9 에 따른다.

8. **시험 기록** 시험에서 얻은 기록을 표기하는 경우 그 양식을 부속서 부표 (참 고) 로서 다음에 제시한다.

부 속 서 부 표 (참고)

소 형 왕 복 공 기 압 축 기 시 험 성 적 표	
주 문 자 시험 번호	시험시행 년 월 일 제품번호
왕복 압축기 시방	전동기 시방
형식 실린더 지름(mm) 1단(mm) 50	형식 유도 출력(kW)0.75 상극 4
행정(mm) 50 실린더 수 2 최고압력(kgf/cm^2) 10	주파수 (Hz) 60 전압(V) 200 전류(A) 3.5
회전수(rpm) 505, 배기량(l/min) 120, 공기량(l/min) 60	회전수 (rpm) 1450 제조자 제품번호

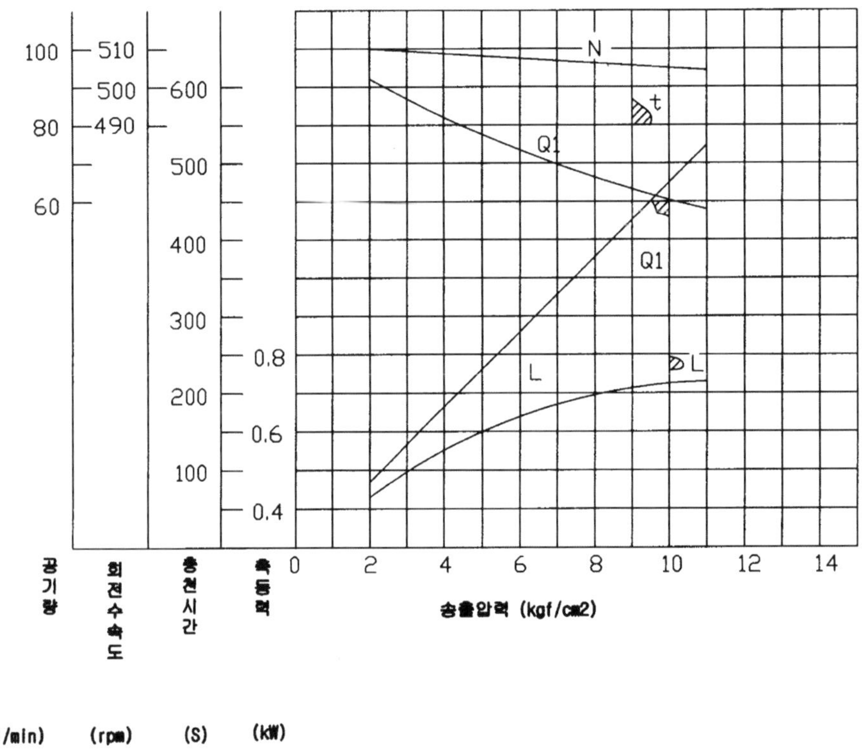

압력계폐기 (kgf/㎠)	지정 \ 회수	1	2	3	4	5	안전밸브(kgf/㎠) 공기취출구 전폐	회수	1	2	3	4
	작 동 압 력	10	10	10				송출 압력	10.6	10.6		
	복 귀 압 력	8	8.1	8.1			30분후의 압력 강하 ((kgf/㎠) 0.5		강하율 (%) 5			

기 온 (℃) 20 베어링온도 (℃) 40 실린더헤드 (송출측) 온도(℃) 120	공 기 탱 크	용 적 (ℓ) 65 최고사용압력(kgf/㎠) 11 내압증명번호
적 요 운전상태 양		
시험자 제조자		

15. 노즐 압력 분포 실험

1 서 론

노즐은 압력의 감소로 인해 유체를 가속시키는 형상으로 설계되어 있다.
만일 유체가 압축성(기체 혹은 증기)일 때는 적절한 압력비(압력비 0.5부근)에서 빠른 속도(음속 부근)를 얻을 수 있다.
노즐은 터빈(Turbines), 제트 추진, 로켓, 이젝터(ejector) 등에 사용되며, 노즐에서 분출되는 높은 속도의 제트류는 아래의 경우에 사용된다.
터빈에서는 유체의 운동에너지가 블레이드나 로터를 통하여 축 일로 변환되고, 로켓이나 제트 추진체 에서는 Nozzle내의 속도 변화에 따른 운동량의 변화량은 추진력을 발생시킨다.
이젝터(ejector)나 인젝터(injector)에서는 제트류의 운동량의 변화로 의해 요구하는 범위의 압력 감소를 얻을 수 있다.

The Ideal Nozzle

완전 노즐(Perfect Nozzle)을 통한 유동(즉 단열, 무마찰, N-shocks등)은 가역과정이므로 등엔트로피 가정으로 본다.
만일 유체의 열역학적 물성치를 안다면, 등엔트로피 노즐에 대한 이론속도 및 다른 상태량들을 계산할 수 있다.

The Hilton Nozzle istribution Unit

본 장치는 노즐 유동 현상을 실증하는 장치이며, 축소 확대 노즐, 축소 확대 노즐, 축소 노즐의 질량 유량, 압력 분포를 측정, 연구하는 장치이며, 상온의 공기를 사용하므로 일정적이고 에너지 소모를 소형 압축기 만으로도 가능하다.

2 실험장치

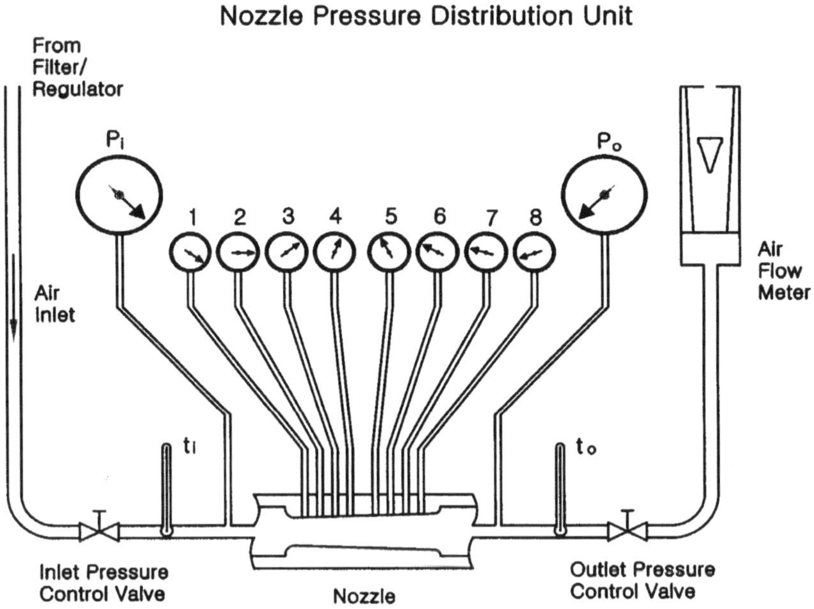

Description

Filter-조정기 입구 압력은 700-900 KN/㎡ 은 유지되어야 한다.

장치 내의 공기는 nozzle 입구의 밸브를 통하여 조절되고 이때 압력과 온도를 측정하여야 한다. 노즐 출구의 공기 또한 방출 밸브를 통하여 조절되어 유량계를 통하여 대기로 방출된다. 노즐은 황동으로 정밀하게 제작되었으며, 노즐 벽면 tap을 통하여 정압을 측정할 수 있게 하였다.

Air Flow meter

air flow meter는 공기 밀도 1.2kg/㎥ 표준 대기압 (101.3 KN/㎡) 20℃에서 조정되었다. Panel에 부착된 graph로써 다른 유입조건에 대하여 질량 유량을 보정할 수 있다.

3 실험 방법

1) 노즐의 교체 순서

1 입구 밸브를 닫는다.

2 노즐의 나사를 푼다.

[3] 노즐을 제거하고 Box에 넣는다.
[4] 다른 노즐을 선택하고 "0" 링을 점검한다.
[5] 노즐 위치에 정열하고 Knurl Union을 느슨하게 체결한다.
[6] NO.1 TOP부터 노즐 몸체에 단단하게 연결 한다.
[7] 남은 Taping들은 pannel에 정열하여 둔다.
[8] lange Knurl union을 견고하게 부착한다
*주의 : 위의 작업들은 공구가 필요 없음.

2) The Hilton Nozzle Pressure Distribution 장치의 실험 범위

본 장치는 압력비 (입구 압력에 대한)가 1.0에서 0.11까지의 영역에서 작동하는 흐름인 축소, 축소-확대 노즐에서의 압력분포, 질량유량 등의 Data을 산출하는 장치이다.

본 장치에서 얻을 수 있는 것은,
[1] choking 현상의 가시화
[2] 축소, 확대 부분의 압력분포의 가시화
[3] shock 위치에 관해 back pressure 효과의 가시화 및 축소 확대 nozzle에서 recompression
[4] 일정한 back pressure을 가진 등엔티로피 유동의 이론값과 비교 및 질량 유량에 대한 입구 압력 효과의 측정
[5] 일정 입구 압력을 가질 때 이론적인 계산값의 비교와 질량유량에 대한 배압 효과를 계산
[6] 1) 여러 가지 압력비에 대한 축소, 축소 확대 노즐에서 압력 분포의 관찰
2) "pressure pro file" graph의 작성
3) 같은 치수의 isentropic 노즐과 pressure profile의 비교

3) Choking의 가시화

[1] 입구 밸브를 닫는다.
[2] 노즐 C을 장치에 연결시키고 입구 압력을 700-950 KN/㎡을 유지 시킨다.
[3] 출구 밸브를 닫아 $P_o = P_i$ 가 되고 질량 유량이 "0" 인 것을 관찰한다.
[4] 출구 v/v을 조금씩 알면서 출구 압력과 질량유량을 관찰한다.
[5] 질량유량은 $P_o = 0.5P_i$일 때 최대로 증가 하고, 잔류 압력보다 배압이 더 감소 할 것이다.
[6] 노즐 A (축소-확대 노즐)에서는 $P_o = 0.85P_i$ 일 때 위의 현상이 나타날 것이다.
[7] 이 간단한 실험을 학생들에게 Chocking 현상을 이해시키고, 압력분포를

확인할 수 있을 것이다.

4) 압력분포의 가시화

1 입구 밸브를 닫고 노즐 C을 장치에 부착한다.

2 밸브를 닫고 입구 밸브를 열어, 입구 압력은 700-900KN/㎡ 으로 고정한다.

3 출구 밸브를 조금 열어 back pressure을 입구압력보다 200 KN/㎡ 낮게 조절한다.

4 압력 게이지는 축소 cone에서는 점차적으로 감소함을 보일 것이다.

5 P_o(노즐 출구 압력)이 임계압력부근일 때 back pressure의 감소가 좋을 것이나 압력 분포는 유사할 것이다.

6 P_o(노즐 출구 압력) 가 임계압력보다 감소하면 노즐 내의 압력분포는 변화가 없지만, 노즐 출구에서의 압력은 급격히 떨어진다. 이것은 "under expansion" 의 분명한 예이다.

7 입구 밸브를 닫고 노즐 A를 연결한다.

8 출구 valve를 충분히 열어, 그때 입구 valve의 압력이 200KN/㎡ 정도 되게 조절한다.

9 압력 게이지들은 유체의 흐름에 따라 대기압 이할 강하함을 보여 줄 것이고 출구 밸브를 닫으면 대기압으로 급작스럽게 상승한 것이다.
이것은 쇼크로 인해 재압축 되고 초과 팽창 하는 것을 분명히 보여 주는 것이다.

5) 재압축(recompression) 위치에서 배압(back pressure) 효과의 증명

1 입구 밸브를 닫고 노즐 A를 부착한다.

2 출구 밸브를 충분히 연다.

3 입구 압력을 700-900 KN/㎡ 으로 설정한다.

4 출구 밸브를 조금씩 잠그면서 노즐의 압력분포와 유량을 측정한다.

5 이것은 back pressure 증가함에 따라, 충격압의 위치가 nozzle를 통하여 뒤쪽으로 옮겨감을 보여 주는 것이다. 또한 back pressure 가 하류에서 꾸준히 상승할 때도 상류에서의 충격압은 변하지 않는다. 충격압이 hroata 부분 뒤쪽으로 올 때까지 질량유량은 변하지 않고 throat pressure 은 증가하기 시작한다. 이것은 압축성 유동과 shock의 공부에 좋은 예를 보여준다.

6) 일정 배압(back pressure)를 가질 때, 질량유량에 대한 입구압력 효과의 측

정 및 이론적 계산치와의 비교

[1] 입구 밸브를 닫고 노즐 C을 부착한다.

[2] 입구압력을 700-900 KN/㎡ 으로 조정하고, back pressure을 50 KN/㎡으로 한다.

[3] 공기 질량 유량과 온도를 관찰한다.

[4] 출구 밸브에서 back pressure을 조금씩 감소시키며 반복한다.

[5] 이와 같은 실험은 다른 일정 back presure과 다른 노즐에서 반복 실험한다.

[6] 이론 질량 유량

choked nozzle을 통한 이론 질량M은 p30에서 보여준다.

일정 온도하에서 choked nozzle의 질량 유량은 입구 압력에 비례한다.

직전 Line에서 벗어난 graph의 점은 nozzle에서 chock가 되지 않기 때문이다.

$$\dot{m} = 0.0404\sqrt{\frac{A_t P_i}{T_i}}$$

$$\dot{m} = 0.0404 \times \frac{\pi}{4} \times 0.00198\sqrt{\frac{P_i}{292}}\, Kg/s$$

$$\dot{m} = 7.27 \times 10^{-9} P_i Kg/s$$

■ 결과표

Date : ________ Atmospheric Pressure : 102 $kN\ m^{-2}$

Nozzle : C Throat Diameter : 1.98 mm

입구 온도		℃	19	19	19	19	19	19	19	19	19	19
		K	292	292	292	292	292	292	292	292	292	292
출구 온도		℃	18	18	18	18	18	18	18	18	18	18
Pressure kNm^{-2}	입구 (p_i)	gauge	900	800	700	600	500	400	300	200	100	20
		abs	1002	902	802	702	602	502	402	302	202	122
	출구 (p_o)	gauge	50	50	50	50	50	50	50	50	50	50
		abs	152	152	152	152	152	152	152	152	152	152
	Tapping No.1(p_1)	gauge										
		abs										
	No.2 (p_2)	gauge										
		abs										
	No.3 (p_3)	gauge										
		abs										
	No.4 (p_4)	gauge										
		abs										
	No.5 (p_5)	gauge										
		abs										
	No.6 (p_6)	gauge										
		abs										
	No.7 (p_7)	gauge										
		abs										
	No.8 (p_8)	gauge										
		abs										
공기의 측정 유량 10^{-3} kg s^{-1}			7.2	6.5	5.8	5.0	4.3	3.55	2.8	2.05	1.4	0

* 수직축 – 질량유량(1,2,3,4,5,6,7 $10^{-3}kg/s$)

* 수평축 – 입구압력(100,200,300,……,800 KN/m^2)
으로하여 이론값과 실험값을 그래프로 비교할 것

7) 질량 유량에 대한 배압(back pressure) 효과의 측정

1 입구 밸브를 닫고 노즐 C를 연결한다.

2 출구 밸브는 충분히 열어 입구 압력은 700~900 KN/㎡ 으로 일정하도록 입구 밸브를 조절한다.

3 출구 압력, 질량 유량, 온도를 측정한다.

4 출구 밸브는 부분적으로 잠구고 출구 압력을 100KN/㎡ 정도씩 증가시키면서 측정을 반복한다.

5 $P_0 = P_i$ 까지 출구 압력을 증가시키면서 반복한다.

6 실험도 nozzle A와 B에 대하여서도 반복된다.

7 choke 상태에 대한 이론 질량 유량은 M으로부터 계산할 수 있다

Nozzle C에 대하여

식] $P_i = 10 \times 10^5 N/m^2$

$T_i = 19 + 273K$

$\Phi_t = 1.98mm$

$$\dot{m} = 0.0404\sqrt{\frac{A_t P_i}{T_i}} = 0.0404 \times \frac{\pi}{4} \times 0.00198^2 \times \sqrt{\frac{10^2}{292}} Kg/s = 7.279Kg/s$$

8 측정된 질량 유량은 알 일치함을 보여주었다.

9 노즐 C는 압력비 P_0/P_i 대략 0.528 일 때 choke 되고, 노즐 A는 팽창 압력으로 인해 압력 B가 0.8 정도에서 choke된다.

■ 결과표

Date : ________

Atmospheric Pressure : 102 $kN\ m^{-2}$

Nozzle : C

Throat Diameter : 1.98 mm

입구 온도		℃	19	19	19	19	19	19	19	19	19	19
		K	292	292	292	292	292	292	292	292	292	292
출구 온도		℃	18	18	18	18	18	18	18	18	18	18
$\frac{Pressure}{kNm^{-2}}$	입구 (p_i)	gauge	900	800	700	600	500	400	300	200	100	20
		abs	1002	902	802	702	602	502	402	302	202	122
	출구 (p_o)	gauge	50	50	50	50	50	50	50	50	50	50
		abs	152	152	152	152	152	152	152	152	152	152
	Tapping No.1 (p_1)	gauge										
		abs										
	No.2 (p_2)	gauge										
		abs										
	No.3 (p_3)	gauge										
		abs										
	No.4 (p_4)	gauge										
		abs										
	No.5 (p_5)	gauge										
		abs										
	No.6 (p_6)	gauge										
		abs										
	No.7 (p_7)	gauge										
		abs										
	No.8 (p_8)	gauge										
		abs										
공기의 측정 유량 10^{-3} kg s^{-1}			7.2	6.5	5.8	5.0	4.3	3.55	2.8	2.05	1.4	0

⋆ 수직축 - 질량유량(1,2,3,4,5,6,7 $10^{-3} kg/s$)

⋆ 수평축 - 입구압력(100,200,300,……,800 KN/m^2)
으로하여 이론값과 실험값을 그래프로 비교할 것

8) Nozzle 내에서 압력 분포의 측정

1 입구 밸브는 닫고 노즐 C를 부착한다.

2 입구 밸브는 700~900KN/㎡ 이 되도록 설정하고, 출구 밸브는 완전히 열어 둔다.

3 모든 게이지의 압력을 측정한다.

4 출구 압력을 증가시키면서 반복 측정한다.

5 노즐 A와 B에 대하여 다른 출구 압력에서 반복 측정한다.

(Note) : 모든 압력 Tapping이 Nozzle A에서 사용되어지고 P6 P7 P8은 Nozzle B에서는 사용되지 않는다.

6(B) 위의 관찰 결과를 수평축은 노즐의 위치 수직축은 압력비로 나타내어 압력Profile을 graph 로 표시할수 있다.

6(C) Page29의 방정식 J는 노즐단면 면적과 단면에서 압력의 상관 관계를 나타낸 식이다. 면적들은 throat 부분의 면적에 대하여 나타내고, 압력은 입력 압력에 대하여 표시하였다.

p34의 graph는 Eq.J로 그렸고 노즐위치와 이론 압력값과의 관계를 curv로 나타내었다.

(Note) : 위의 관찰 결과를 수평축은 노즐의 위치 수직축은 압력비로 나타내어 압력 Profile을 graph 로 표시할 수 있다.

$$\frac{A_x}{A_t} = \left(\frac{2}{k+1}\right)^{\frac{1}{k-1}} \sqrt{\frac{k-1}{(k+1)\left(\left(\frac{P_x}{P_i}\right)^{\frac{2}{k}} - \left(\frac{P_x}{P_i}\right)^{\frac{k+1}{k}}\right)}}$$

앞의 방정식은 노즐단면 단면적과 단면에서 압력의 상관 관계를 나타낸식이다. 면적들은 throat 부분의 면적에 대하여 나타내고, 압력은 입력 압력에 대하여 표시하였다.

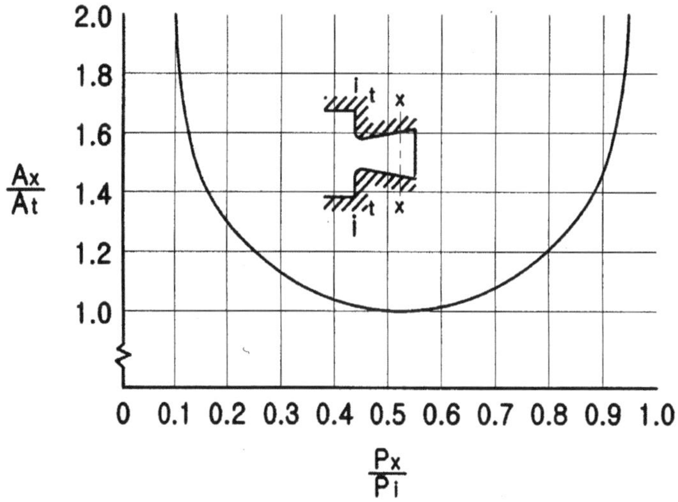

■ graph는 노즐위치와 이론 압력값과의 관계를 curv로 나타내었다.

※ 주 석 : 출구 밸브가 크게 열렸을 때, 노즐은 설계조건에 가깝게 작동하고 목 부분의 압력에 임계압력에 가까울 때 확대 부분은 완만하게 증가된다. 출구 압력이 상상할 때 over-expansion은 출구 압력보다 낮은 압력을 발생시킨다. 이것은 출구 압력이 상승하는 shock 현상으로 인해 재압축 되기 때문이다.

■ 결과표

Date : __________

Nozzle : ___A___

Atmospheric Pressure : ___99.3 $kN\ m^{-2}$___

Throat Diameter : ___2.00 mm___

입구 온도		℃	17	17	17	17	17	17	17	17	17	17
		K	290	290	290	290	290	290	290	290	290	290
출구 온도		℃	16	16	16	16	16	16	16	16	16	16
$\frac{Pressure}{kNm^{-2}}$	입구 (p_i)	gauge	900	900	900	900	900	900	900	900	900	900
		abs	999	999	999	999	999	999	999	999	999	999
	출구 (p_o)	gauge	20	100	200	300	400	500	600	700	800	850
		abs	129	199	299	399	499	599	699	799	899	949
	Tapping No.1(p_1)	gauge										
		abs										
	No.2 (p_2)	gauge										
		abs										
	No.3 (p_3)	gauge										
		abs										
	No.4 (p_4)	gauge										
		abs										
	No.5 (p_5)	gauge										
		abs										
	No.6 (p_6)	gauge										
		abs										
	No.7 (p_7)	gauge										
		abs										
	No.8 (p_8)	gauge										
		abs										
공기의 측정 유량 10^{-3} kg s^{-1}			7.3	7.3	7.3	7.3	7.3	7.3	7.3	7.3	6.85	5.2

■ 결과표

Date : __________

Nozzle : __________ Throat Diameter : __________ mm

Air flow correction factor from graph	1.0									
Corrected air flow $\frac{m}{10^{-3} kg\, s^{-1}}$	7.3	7.3	7.3	7.3	7.3	7.3	7.3	7.3	6.85	5.2
inlet pressure $\frac{p_i}{kN m^{-2}}$	999	999	999	999	999	999	999	999	999	999
outlet pressure $\frac{p_o}{kN m^{-2}}$	129	199	299	399	499	599	699	799	899	949
pressure ration : $\frac{p_o}{p_i}$										
$\frac{p_1}{p_i}$										
$\frac{p_2}{p_i}$										
$\frac{p_3}{p_i}$										
$\frac{p_4}{p_i}$										
$\frac{p_5}{p_i}$										
$\frac{p_6}{p_i}$										
$\frac{p_7}{p_i}$										
$\frac{p_8}{p_i}$										

* 수평축 - Position
* 수직축 - $\frac{P_x}{P_i}$ 을 각각에 대하여 그리시오.

※ 주석 : 출구 밸브가 크게 열렸을 때, 노즐은 설계조건에 가깝게 작동하고 목 부분의 압력이 임계압력에 가까울 때 확대 부분은 완만하게 증가된다. 출구 압력이 상승할 때 과대 팽창(over-expansion)에 의해 출구 압력보다 낮은 압력을 발생시킨다. 이것은 출구 압력이 상승하는 shock 현상으로 인해 재압축(recompression) 되기 때문이다.

4 결과표

Date : ____________ Atmospheric Pressure : ________ $kN\ m^{-2}$

Nozzle : ____________ Throat Diameter : ________ mm

입구 온도		℃										
		K										
출구 온도		℃										
Pressure kNm^{-2}	입구 (p_i)	gauge										
		abs										
	출구 (p_0)	gauge										
		abs										
	Tapping No.1(p_1)	gauge										
		abs										
	No.2 (p_2)	gauge										
		abs										
	No.3 (p_3)	gauge										
		abs										
	No.4 (p_4)	gauge										
		abs										
	No.5 (p_5)	gauge										
		abs										
	No.6 (p_6)	gauge										
		abs										
	No.7 (p_7)	gauge										
		abs										
	No.8 (p_8)	gauge										
		abs										
공기의 측정 유량 10^{-3} kg s^{-1}			7.2	6.5	5.8	5.0	4.3	3.55	2.8	2.05	1.4	0

Date : __________

Nozzle : __________ Throat Diameter : ________ mm

Air flow correction (from graph)											
Corrected air flow	$\frac{m}{10^{-3} kg\, s^{-1}}$										
inlet pressure	$\frac{p_i}{kN\, m^{-2}}$										
outlet pressure	$\frac{p_o}{kN\, m^{-2}}$										
pressure ration :	$\frac{p_o}{p_i}$										
	$\frac{p_1}{p_i}$										
	$\frac{p_2}{p_i}$										
	$\frac{p_3}{p_i}$										
	$\frac{p_4}{p_i}$										
	$\frac{p_5}{p_i}$										
	$\frac{p_6}{p_i}$										
	$\frac{p_7}{p_i}$										
	$\frac{p_8}{p_i}$										

NOZZLE PROFILES

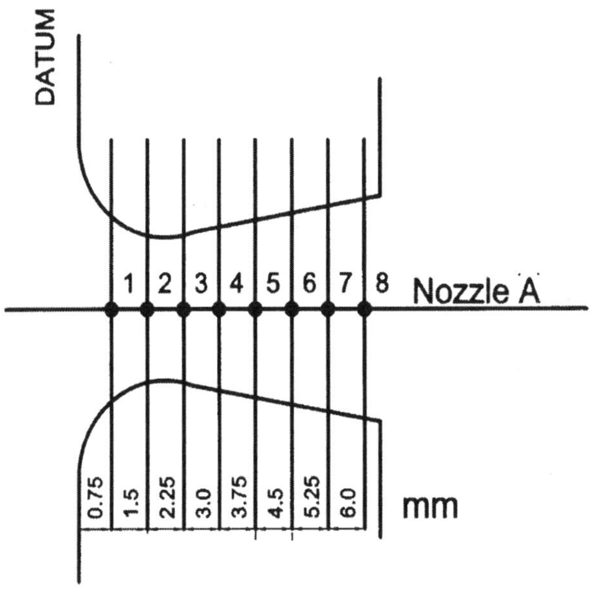

측정 Point	Diameter(mm)	$\frac{Area}{Throat\ Area}$
1	2.4	1.44
2	2.0	1.0
3	2.13	1.13
4	2.26	1.28
5	2.39	1.42
6	2.52	1.59
7	2.66	1.77
8	2.79	1.94

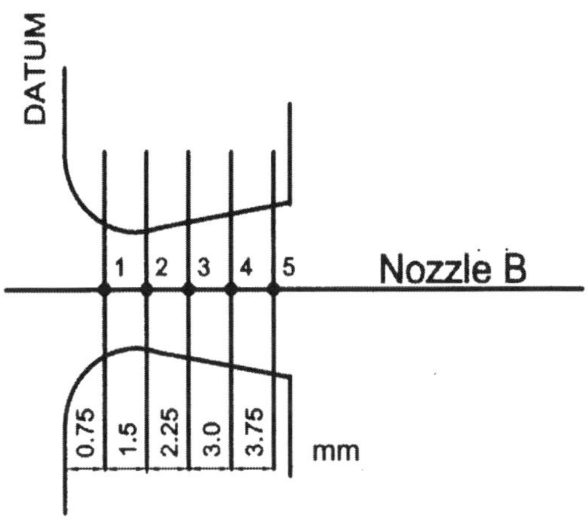

측정 Point	Diameter(mm)	$\frac{Area}{Throat\ Area}$
1	2.4	1.44
2	2.0	1.0
3	2.13	1.13
4	2.26	1.28
5	2.39	1.42

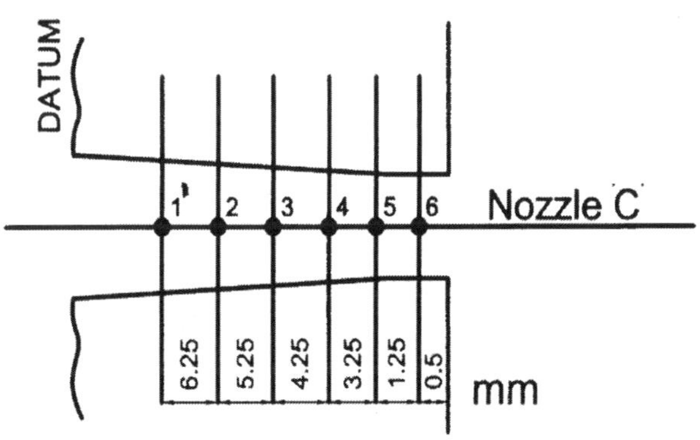

측정 Point	Diameter(mm)	$\frac{Area}{Throat\ Area}$
1	2.86	2.05
2	2.65	1.75
3	2.43	1.48
4	2.21	1.2
5	2.03	1.03
6	2.0	1.0

16. 풍동 실험 (Wind tunnel)

1 개 요

1-1) 설명

본 장치는 기계, 항공, 우주, 조선, 토목 등 유체에 관련된 모든 실험에 기초적으로 사용하는 장비로써 계측장비를 이용하여 아래와 같은 실험을 할 수 있다.

· TEST SECTION 에서의 유속분포 및 유속의 측정
· 여러 종류의 MODEL(AIRFOIL, CYLINDER, PLATE 등)을 장착하여 주위의 압력 분포 및 양력, 항력의 측정
· 유체흐름의 가시화현상 측정
· 계측기를 이용한 각종 유체실험
- Velocity and pressure distribution measurements using a pitot static tube and yaw probe.
- Calibration of the Wind Tunnel velocity indicator using a pitot static tube and inclined manometer.
- Inverstigation of the wake behind a cylinder or aerofoil using a wake surrey rake.
- Flow visualization studies around an aerofoil.
- Measurement of pressure distribution around an aerofoil at various angles of attack.
- Measurement of pressure distribution around a cylinder.
- Measurement of lift and drag on aerofoil with leading edge slot and trailing edge trap.

1-2) 풍동용 계측장비(선택사양)

· Multimanometer
· Pitot Tube
· Micromanometer
· Laser Doppler Velocimeter
· Twinkle Laser Sheet
· 3~6 Component
· Turn Table
· Data Acquisition System
· Inclined Manometer
· Scanning Unit
· Hot Wire Anemometer
· Anemometer
· Pressure Gauge
· Traverse System
· Smoke Generator

2 실험 방법

1) 실험전 준비

1 본 장치는 MOTOR 구동형으로써 MOTOR 작동시 FAN이 회전하므로 FAN입구에 이물질(종이, 비닐, 테이프 등)이 있으면 FAN에 의하여 흡입되어 고장의 원인이 되고, 또한 MOTOR 측에도 이물질이 있으면 고장의 원인이 되니 이물질을 치워 준다.

2 TEST SECTION 상단부 덮개를 열고 MODEL을 넣고 덮개를 덮는다.
이 때, 덮개에 틈새가 발생되지 않도록 TAPE로 밀봉한다.

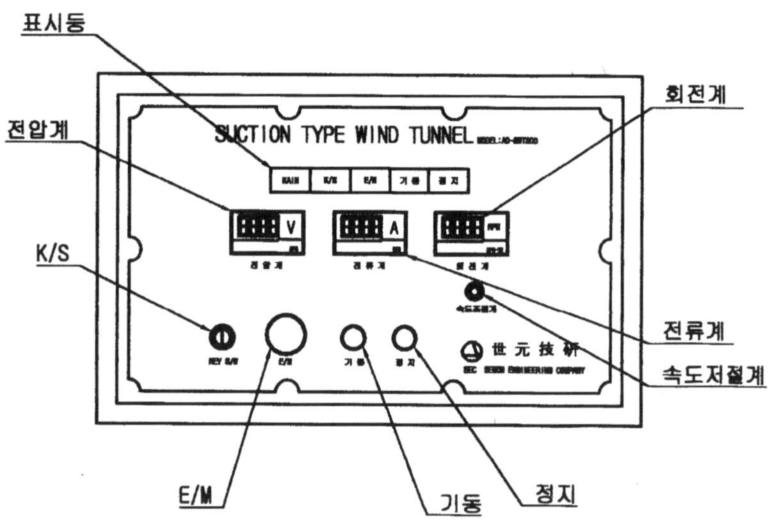

2) 실험

1 시험부에 모델을 장착하고, 전원을 연결한다.

a. CONTROL PANEL(이하 PANEL이라 함)의 POWER LAM가 점등된다.

b. V meter의 지시계 변환200V +/-10%

2 PANEL의 KEY SWITCH KEY를 꽂고 오른쪽으로 돌린다.
PANEL의 KEY LAMP가 점등되다.

3 PANEL의 MOTOR START SWITCH를 눌러 ON시킨다.
- PANEL의 MOTOR LAMP가 점등된다.

4 TEST SECTION에서 동일한 실험위치, 동일한 실험 MODEL을 사용하여 속도변환을 할 경우,
- PANEL의 INVERTER는 로더를 사용할 때, 주파수 Setting만 변화시켜주면 된다.

5 TEST SECTION에서 실험위치 또는 실험 MODEL을 변경할 경우,

a. INVERTER 로더를 사용하여 MOTOR의 회전속도를 '0' 으로 줄여 놓는다.

b. PANEL의 MOTOR STOP BUTTON SWITCH를 눌러 MOTOR를 STOP 시킨다.

· STOP LAMP 점등

· RPM METER 지시계 '0' 점 복귀

· MOTOR LAMP 소등

· A meter 지시계 '0' 점 복귀

c. 실험위치 변경 또는 실험 Model을 교환한다. 1)항의 2번과 동일한 방법으로 사용

d. 이후 시험(운전)방법은 사기 2)항의 3번부터 반복된다.

6 실험 도중 비상사태가 발생되었을 경우에는 PANEL의 E.M S/W(비상스위치)를 눌러 MOTOR를 정지시킨다.

a. PANEL의 E.M S/W Lamp가 점등된다.
(STOP S/W를 작동한 것과 동일한 상태임)

b. 비상해제시 E.M S/W를 오른쪽으로 90회전시키면 복귀된다.

7 본 장치의 전원이 들어와 있는 경우(POWER LAMP가 점등)에 전기적인 이상(①전자개폐기 과부하시 ②인버터의 이상)이 발생되었을 때에는 PANEL의 Trouble Lamp가 점등된다.

3) 실험 종료(정지)

1 평상시 정지

a. - Inverter 로더를 사용시,
Motor의 회전 Speed를 "0"(zero)으로 맞춘다.
(RPM Meter 지시침이 "0" 으로 변환)
Panel의 Motor "STOP" PUSH BUTTON을 누른다.

· STOP LAMP 점등

· MOTOR LAMP 소등

· A meter 지시침 "0" 으로 변환

b. KEY SWITCH에 KEY를 꽂고 좌측으로 돌려 OFF시킨다.
- KEY S/W LAMP 소등

C. CONTROL BOX앞에 있는 N.F.B의 SWITCH를 OFF한다.
- POWER LAMP 소등
- V METER 지시침 "0" 으로 변환

2 비상시 정지

상기 운전방법 6항과 동일

3 사 양

3-1) 형 식

Type : Suction Type Wind Tunnel
Wind Velocity : 0.5 ~ 20 m/s at test section
Test Section : $300(W) \times 300(D) \times 1000(L)mm$
Clear acryl plate
Distribution of
wind velocity : Within 1% at 0.5 ~ 5 m/s
Within 0.5% at 5 ~ 10 m/s
Turbulent intensity : Less then 0.2% at 10 m/s

3-2) 구 성

3-2-1) Driving Motor
3-2-2) Fan
3-2-3) Canvas
3-2-4) Diffuser
3-2-5) Test Section
3-2-6) Contraction Body
3-2-7) Setting Chamber & Mesh
3-2-8) Honey Comb Chamber
3-2-9) Bell mouse
3-2-10) Operating Panel

DESCRIPTION

3-2-1) DRIVING MOTOR

- DRIVING MOTOR
  Type : Induction Motor
  Power : 2.2 KW , AC220V , 3 phase , 60 Hz
- MOTOR CONTROLLER
  Type : Inverter 40 ∅dia.
  Power : 4.2 KVA , 11A , 220V , 3 phase
  Control method : Square Wave PWM Control
  Frequency range : 0.1 ~ 400 Hz
  Frequency accuracy : +/- 0.02%

Frequency resolution : 0.01 Hz
Overload capacity : 150% for 1 minute

3-2-2) FAN

Type : Aerofoil type axial fan
Volume Flow rate : $160\ m^3/\min$
Static pressure : 45 mmAq
Driving method : Direct driving method

3-2-3) CANVAS

M`TL : Rubber 2t

3-2-4) DIFFUSER

-. This diffuser is made of steel plate welded constrution.
-. Inside of diffuser is smoothly finished up paint.
-. This diffuser is designed as to obtain less fluid friction loss.
-. M`TL : steel plate with bar

3-2-5) TEST SECTION

Type : Rectangular type
M`TL : Clear Acryl plate 15t
Dimension : $300(W) \times 300(D) \times 1000(L)\,mm$
Attachment : · 1/8" PT hole for pitot static tube
· Upper cover and lower cover opening type

3-2-6) CONTRACTION BODY

This Contraction duct is designed as to obtain less fluid friction loss and uniform Velocity distribution at the test section.

M`LT : Steel plate with bar
Contraction ration : 9 vs 1

3-2-7) SETTLING CHAMBER with MESH

-. SETTLING CHAMBER
M`TL : Steel plate with bar
-. MESH
M`TL : Stainless steel

Type : # 16×1 SHEET
24×2 SHEETS
Wire dia. : 0.29mm

3-2-8) HONEY COMB CHAMBER

Type : Hexagon type
M`TL : ALUMINUM
Shell Size : $9.525\,mm \times 70(L)\,mm$

3-2-9) BELL MOUTH

M`TL : Steel plate

3-2-10) OPERATING PANEL

This panel is provided as to be able to operation the wind Tunnel

-. No Fuse breaker for main power source
-. Main power unit
V & A meter for main power source
Key switch
Start/stop switch & lamp
Emergency switch
-. Wind speed control unit
RPM meter for motor revolution
Start/stop switch & lamp
Speed Controller for motor revolution.
-. Cooling fan

3-3) Standard Accessories

3-3-1) PITOT TUBE

Type : PT6 - 350
size : dia 6 - 350(L)mm
Chuck : PT 1/8"
Material : STS304

3-3-2) INCLINED MANOMETER

Type : Inclined type with air filter
Range : 0.20 - 2.0"H20

Minor Divisions : 0.02"
Scale length : 8"
Accuracy : +/- 1% F.S
Level eyes : 1ea

3-3-3) DRAG MODEL

Type : Sphere type × 1ea
Hemisphere type × 2ea
circular disc × 1ea
M`TL : PVC & Plastic

3-4) Optional Accessaries

3-4-1) Multimanometer

Type : Inclined multimanometer
Dimensions : Approx. $400(W) \times 250(D) \times 650(H)\,mm$
No. of tubes : 16 tubes
Measuring length : 0 - 300 mmAq
Resolution : 1mm
Tilt Angle : 1/2, 1/3, 1/5, 1/10
Working liquids : Distilled Water, alcohol
Adjustable reference level : Coarse and fine adjustable of height
Handle operated
Frame levelling device : Adjustable bolts - 2 ea
Tube clamp : Handle operated tube holder

3-4-2) Aerofoil with 25 Pressure holes

Type : NACA 0012
Chord length : 150 mm
Span : 300 mm
M`tl : ABS
Pressure hole : 25 holes
Color : Black

3-4-3) CYLINDRICAL MODEL with 16 Pressure holes

$DIA. \times length$: $DIA.\,70 \times 300\,mm$
Pressure hole : 16 holes

M`tl : ABS
Color : Brown

4 실 험

1) 개론

풍동속을 흐르는 공기의 속도는 압축성을 고려한 속도범위와 압축성을 무시할 수 있는 속도 범위를 가지고 있다.

전자의 경우, 실험할 수 있는 장비가 초음속 풍동(Supersonic Wind Tunnel)이고, 후자는 아음속 풍동(Subsonic Wind Tunnel)이라 한다.

이 때, 경계 가 되는 속도는 134m/s 이다. 그러므로 초음속 풍동은 134m/s 이상의 공기 흐름을 사용하고, 아음속 풍동의 경우는 그 이하이다.

본 풍동은 풍속이 20m/s로 설계된 아음속 풍동(Subsonic Wind Tunnel)이다.

2) 풍속 범위 실험

· 피토튜브와 마노메타를 이용한 풍속측정

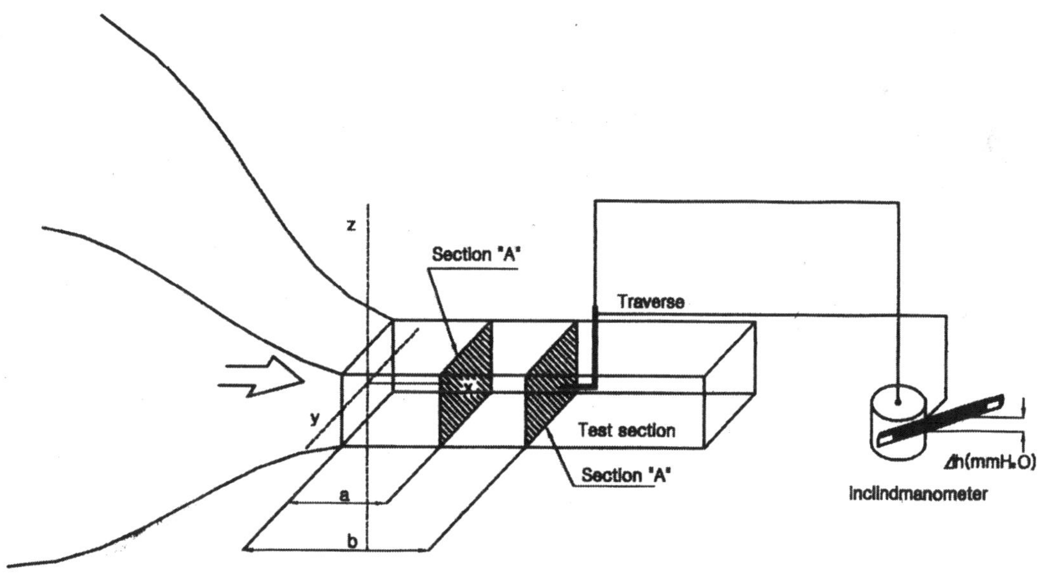

$$V = C_P\sqrt{2g\Delta h}$$

$$\Delta h = \frac{P_1 - P_2}{\gamma_o}$$

▲ 위 식에서

V = 풍속 (m/s)

g = 중력가속도 (9.8 m/s^2)

Δh = PITOT TUBE의 차압 (mmH_2O)

γ_o =공기의 비중량 (kg/m^3)

C_P = PITOT TUBE 계수 (약1)

송풍기 회전수 (RPM)	PITOT TUBE 차압	풍　　속 (m/s)
100 250 750 1000 1250 1500 1700		

3) 풍속분포실험

· PITOT TUBE로 측정

(측정 단면 포인트)

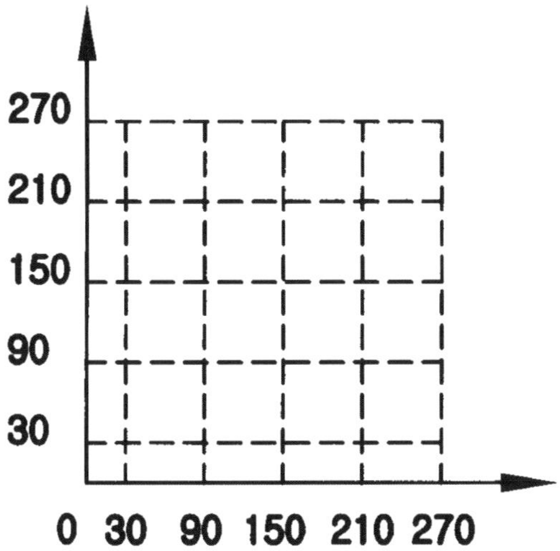

X = 300(mm) 일때

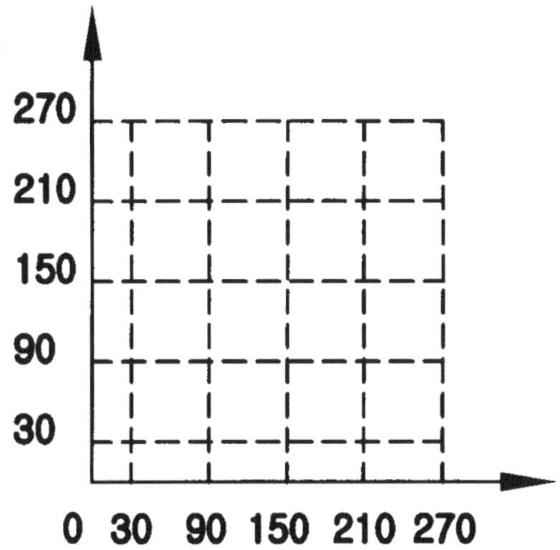

X = 500(mm) 일때

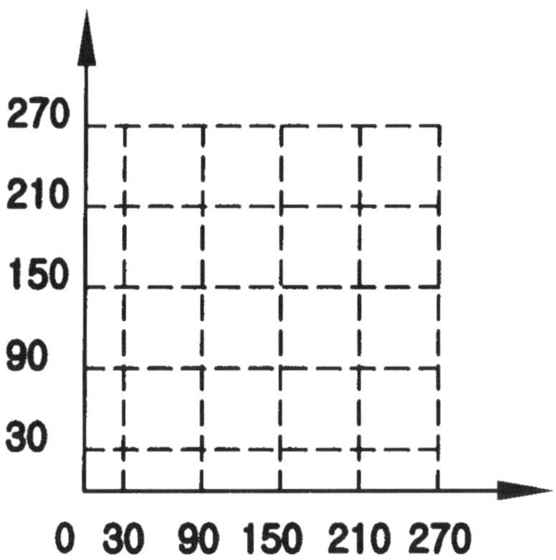

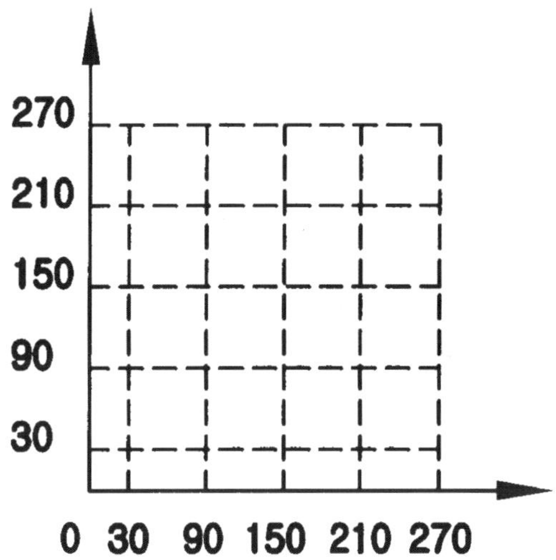

4) 평균풍속 안전성

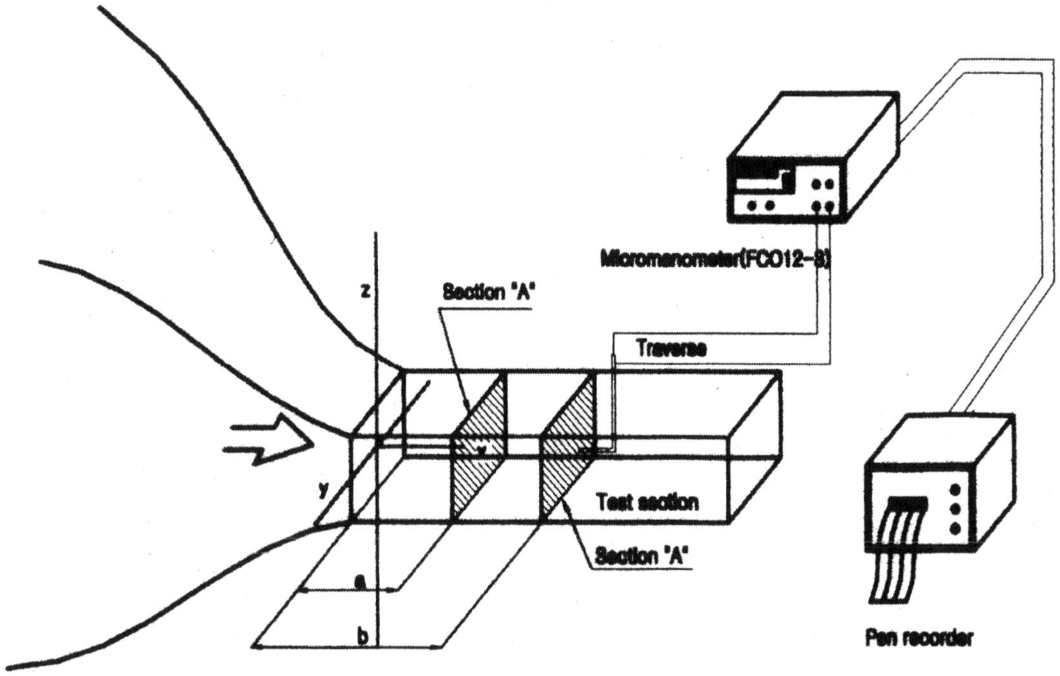

(측정치)

설정 풍속(m/s)	풍속변동폭 Δ U(m/s)	변동율 Δ U/U × 100(%)
1		
5		
10		
15		
20		

17. 실린더모델 주위의 압력 측정

1 목적

본 실험에서는 풍동을 이용하여 측정부에 2차원 실린더의 압력계수 를 측정하고, 이미 알고 있는 이론적인 실린더 주위의 곡선과 비교하여 보고 풍동을 이용한 모형 실험방법을 익힌다.

- 2차원 원통주위의 압력분포를 측정
- 항력계수 및 유동의 박리점(Seperation point)의 이해
- 이상유체와 실제유체의 흐름특성의 비교

2 실험 준비물

① 아음속 풍동
②SELECTION BOX (FCO 91 MKⅡ) 또는 경사액주계
③ Pitot Tube
④ Cylinder

3 원리

a. Potential flow theory에 의한 압력분포

2차원 원통(이 때 길이는 무한히 긴 원통이다.)이 Uniform stream 속에 놓여 있을 때(혹은 정지한 유체속을 원통축과 수직의 방향으로 일정한 속도로 병진 운동할 때) Potential flow theory에 의하면 원통($r \neq a$)에 작용하는 속도분포는 다음과 같이 표현된다.

$$V_r = U_\infty \left(1 - \frac{a^2}{r^2}\right) \cos\Theta$$ ---------------- 반경방향의 속도성분

$$V_\Theta = U_\infty \left(1 + \frac{a^2}{r^2}\right) \sin\Theta$$ ---------------- 원주방향의 속도성분

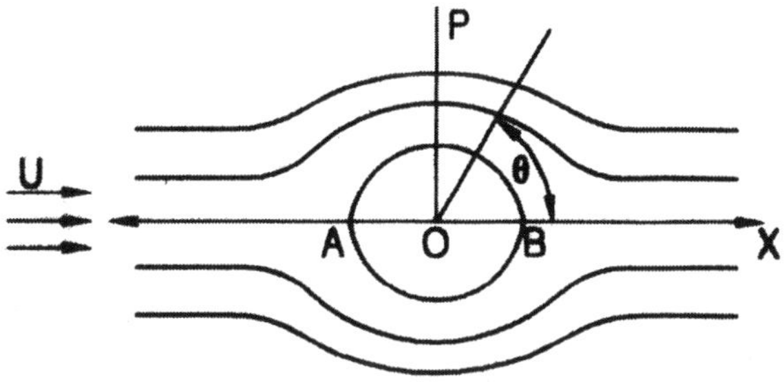

$\theta = 22.5°$

$a = 35mm$

여기서 a = 원통의 반경 , U_∞ = Free streem velocity

또한, 원통표면에 (즉,r=a)일때의 각각의 속도분포를 구한다면

$$[V_r]_{r=a} = \left[U_\infty (1 - \frac{a^2}{r^2}) \cos\theta \right]_{r=a} = 0$$

$$[V_o]_{r=a} = \left[-U_\infty (1 + \frac{a^2}{r^2}) \sin\theta \right]_{r=a} = -2U_\infty \sin\theta$$ 로 나타난다.

다음은 Bernoulli's equation에 의한 압력분포를 참고하여, 위의그림 A와 B 점에서 Bernoulli's equation을 적용하면,

$$(P + \frac{1}{2}\rho V^2)_A = (P + \frac{1}{2}\rho V^2)_B$$ 에서

$$P_\infty + \frac{1}{2}\rho U_\infty{}^2 = P_S + \frac{1}{2}\rho(-2U_\infty{}^2 \sin\theta)^2$$ 이므로,

구하려는 P_S는

$$\therefore P_S(\theta) = P_\infty + \frac{1}{2}\rho U_\infty{}^2 (1 - 4\sin^2\theta)$$ 이 된다.

이상에서 구한 P_S과 압력계수의 정의에 따라 이상유체의 압력계수는

$$\therefore C_P(\theta) = \frac{P_S - P_\infty}{\frac{1}{2}\rho U_\infty{}^2} = 1 - 4\sin^2\theta$$ 로 나타낼수 있다.

$$C_p = -3 \ at\theta = 90°$$

$$C_p = +1 \ at\theta = 180°$$

$$C_p = +1 \ at\theta = 0°$$

$$C_p = -3 \ at \Theta = 270^{\circ}$$

아래 그림에서와 같이 양력 L과 항력 D를 자유흐름에 수직한 공기력성분과 평행한 공기력 성분으로 정의하면 L과 D는 다음과 같이 계산된다.

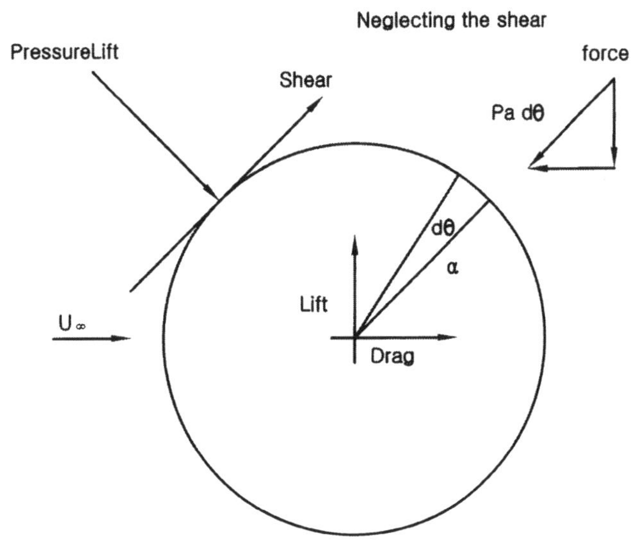

<항력과 양력>

$$L = \int_{2\pi}^{0} (-P_s \sin\Theta)\, a d\Theta$$

$$= \int_{2\pi}^{0} [-(P_\infty + \frac{1}{2}\rho U_\infty{}^2(1-4\sin\Theta))] \sin\Theta\, a d\Theta = 0$$

$$D = \int_{2\pi}^{0} (-P_s \cos\Theta)\, a d\Theta$$

$$= \int_{2\pi}^{0} [-(P_\infty + \frac{1}{2}\rho U_\infty{}^2(1-4\cos\Theta))] \cos\Theta\, a d\Theta = 0$$

즉, 이와 같은 $L = , D = 0$ 이라는 결과는 대칭적인 압력분포에서도 알 수 있다.

b. 실제 유체으름에서의 압력분포

N개의 압력공을 갖는 실험모델을 사용하여 압력분포를 측정했을 때 이 압력분포로부터 양력과 항력은 다음과 같이 계산된다.

$$L = \int_{0}^{2\pi} (-P_{si} \sin\Theta)\, a d\Theta$$

$$= \int_0^{2\pi}(-P_{si}\sin\Theta)\,ad\Theta + \int_0^{2\pi}P_\infty\sin\Theta\,ad\Theta$$
$$= \sum_{i=1}^{N}(P_{si}-P_\infty)\,a\sin\Theta_i\Delta\Theta_i$$

위 식에서 P_{si} 는 Θ 위치에 있는 압력공에 작용하는 정압이며, $\Delta\Theta_i$ 는 인접한 압력공간의각도차이다.

$$D = \int_0^{2\pi}(-P_S COS\Theta)\,ad\Theta$$
$$= \int_0^{2\pi}(-P_S\cos\Theta)\,ad\Theta + \int_0^{2\pi}P_\infty\cos\Theta\,ad\Theta$$
$$= \sum_{i=1}^{N}(P_{si}-P_\infty)\,a\cos\Theta_i\Delta\Theta_i \quad \text{이다.}$$

위에서의 값인 항력과 양력값으로 각각의 계수값을 구하는 식은

-양력계수 C_L

$$C_L = \frac{L}{\frac{1}{2}\rho U_\infty^2}(2a) = -\frac{1}{2}\sum_{i=1}^{N}\left(\frac{P_{si}-P_\infty}{\frac{1}{2}\rho U_\infty^2}\right)\sin\Theta_i\Delta\Theta_i$$

-항력계수 C_D

$$C_D = \frac{D}{\frac{1}{2}\rho U_\infty^2}(2a) = -\frac{1}{2}\sum_{i=1}^{N}\left(\frac{P_{si}-P_\infty}{\frac{1}{2}\rho U_\infty^2}\right)\cos\Theta_i\Delta\Theta_i$$

가 된다.

[4] 실험 방법

1) 실험실내의 현재 온도를 측정한다. (원래는 풍동내의 온도를 측정한다. 이 온도에 따라서 P_1의 값을 보상을 해준다.)
2) Micromanometer의 ΔP를 영점 보정한다.
3) Pitot Tube를 사용하여 $V\infty$가 원하는 속도로 될 때까지 풍동의 speed control 밸브를 조종한다.
4) Cylinder의 각 점에서의 $P_i \sim P_\infty$를 측정하기 위하여 $P_\infty \sim P_a$ 와 $P_0 \sim P_a$를 측정한다.
5) Cylinder의 1번 구멍이 정체점이 되도록 Test Section에 설치하고, 각 점의

압력차 ($P_i \sim P_a$)를 구한다.

6) 원통을 풍동 내에 설치하고 원통 주위 각 점에서의 압력분포를 측정한다.
7) 위의 실험을 풍속 10m/s, 20m/s, 30m/s 일 때 각각 측정한다.
8) 실험 결과에 대해 토의한다.

5 결과 및 계산

1) 원통 주위의 압력분포를 그리시오.
2) 원통 주위에서의 압력분포를 무차원하고 이를 적분하여 항력계수를 구하여 이론적인 결과와 비교하라.
3) 원통 주위에서의 유동 및 항력계수가 Reynolds 수에 따라 어떻게 변하는지 설명하라.
4) Free Stream의 속도로서 무차원화 시킨 C_L을 구하고 Re 수와 받음각 α에 따라 그래프를 그리시오.
5) Free Stream의 속도로서 무차원화 시킨 C_L을 구하고 Re 수와 받음각 α에 따라 그래프를 그리시오.

- 공기의 밀도 측정
- 공기속도 측정 및 Reynold's Number 계산
- $(P_{si} - P_\infty)$측정
- $C_{p_i} = \dfrac{P_s - P_\infty}{\frac{1}{2}\rho U_\infty^{\ 2}}$의 계산 및 그래프 작성
- 항력 및 양력의 계산
- 항력계수 및 양력계수값 계산

6 실험 DATA

공기온도 : ______________ ℃ 공기 μ : ______________ 공기 ρ : ______________

Re 수 : ______________ U_∞ : ______________ *RPM* : ______________

	h_t	$h_{t/s}-h_t$	C_{PT}	$C_{PT}\cos\Theta_t$	L	D	C_L	C_D
1								
2								
3								
4								
5								
6								
7								
8								
9								
10								
11								
12								
13								
14								
15								
16								

$$C_{p_i} = \frac{P_s - P_\infty}{\frac{1}{2}\rho U_\infty^{2}}$$

$$L = \sum_{i=1}^{N}(P_{si}-P_\infty)\,a\sin\Theta_i\Delta\Theta_i \quad , \quad D = \sum_{i=1}^{N}(P_{si}-P_\infty)\,a\cos\Theta_i\Delta\Theta_i$$

$$C_L = -\frac{1}{2}\sum_{i=1}^{N}\left(\frac{P_{si}-P_\infty}{\frac{1}{2}\rho U_\infty^{2}}\right)\sin\Theta_i\Delta\Theta_i \quad ,$$

$$C_D = -\frac{1}{2}\sum_{i=1}^{N}\left(\frac{P_{si}-P_\infty}{\frac{1}{2}\rho U_\infty^{2}}\right)\cos\Theta_i\Delta\Theta_i$$

18. Aerofoil 모델의 공력특성 측정

1 목적

- Multimanometer를 이용하여 Airfoil표면에 작용하는 정압 측정.
- 양력계수 (C_l), 항력계수 (C_d) 및 공력중심에서의 모멘트 (C_{mac})계산.

2 원리

- 일반적으로 Airfoil의 성능을 측정하기 위해서는 여러 방법들(후류의 운동량 해석, Balance를 이용한 · 항력 및 피칭모멘트측정, Potential flow theoty에 의한 계산 등.)이 있지만, Airfoil 주위의 압력분포 측정에 의한 방법은 최소 압력의 크기와 그 작용점을 알 수 있으므로 최대 속도와 임계마하수를 결정하는데 큰 장점을 갖고 있다. 또한 압력분포를 알 수 있으므로 날개 표면과 구조 골격에 가해지는 하중도 계산가능하며, 최소압력의 크기와 위치도 찾을 수 있는 장점이 있다. 여기서는 주요 항력성분인 마찰항력을 고려하지 않는다는 제한사항을 갖고, 양력과 항력을 계산해 본다.

a. Normal force와 Axial force의 계산

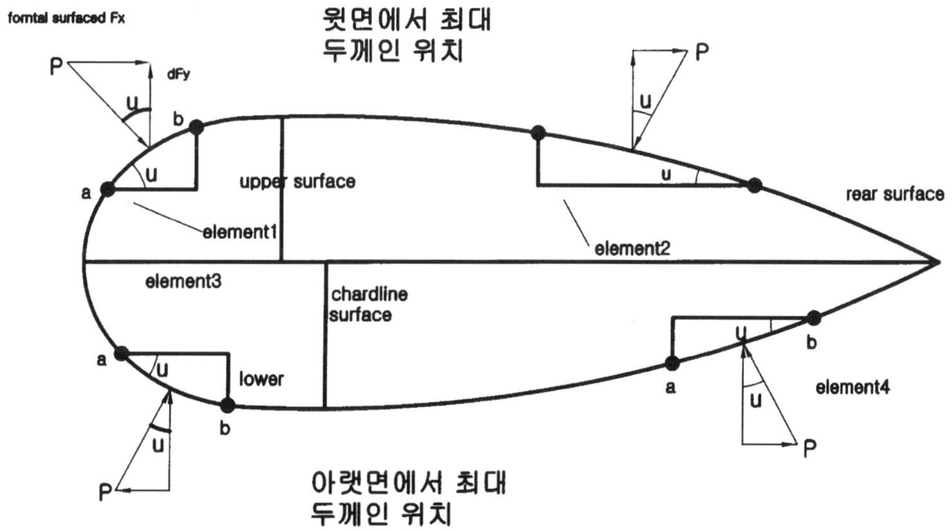

위의 그림과 같은 Airfoil의 표면에 수직하게 작용하는 압력 p에 의한

Axial방향의 미소힘 dF_x와 normal 방향의 미소힘 dF_y는 다음과 같이 일정성분으로 표현할 수 있다.

1 Upper surface $dF_y = -P\,|X_b - X_a|$
2 Lower surface $dF_y = P\,|X_b - X_a|$
3 Frontal surface $dF_x = P\,|Y_b - Y_a|$
4 Rear surface $dF_x = -P\,|Y_b - Y_a|$

즉, 1 ~ 4는 Airfoil에 작용하는 normal방향 힘 F_y와 Axial방향 힘 F_x는 다음과 같은 뜻이 된다.

$$F_y = -\sum P_i\,|X_{bi} - X_{ai}| + \sum P_i\,|X_{bi} - X_{ai}| \quad \text{①}$$

$$F_x = \sum P_i\,|Y_{bi} - Y_{ai}| + \sum P_i\,|Y_{bi} - Y_{ai}| \quad \text{②}$$

b. 피칭 모멘트(Pitching moment)

아래그림과 같은 Airfoil 표면에 작용하는 압력 p에 의한 Leading edge에 대한 Pitching moment를 생각해 보자.

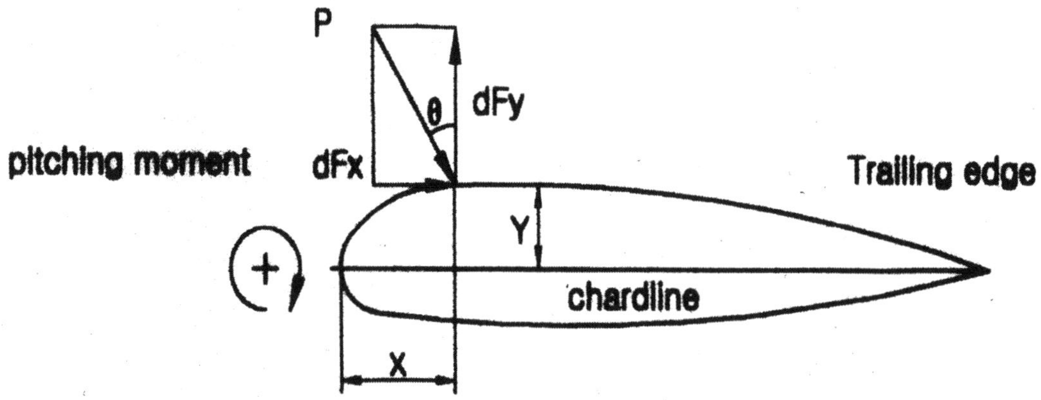

$$dM_{LE} = y \cdot dF_x - x \cdot dF_y$$

$$M_{LE} = \oint (y \cdot dF_x - x \cdot dF_y) = \sum_{yi} \cdot dF_{xi} - \sum_{xi} \cdot dF_{xi}$$

$$= \sum^{frontal} Y_i\, p_i \,|\, Y_b - Y_a|_i - \sum^{rear} Y_i\, p_i \,|\, Y_b - Y_a|_i$$

$$+ \sum^{upper} X_i\, p_i \,|\, X_b - X_a|_i - \sum^{lower} X_i\, p_i \,|\, X_b - X_a|_i$$

c. 공력의 무차원화 - 공력 계수(Aerodynamics, force coefficience)

● Normal force coeff.

$$CF_y = \frac{F_y}{\frac{1}{2}\rho V_\infty^2 c \cdot l} \qquad \text{------------------------④}$$

● Axial force coeff.

$$CF_x = \frac{F_x}{\frac{1}{2}\rho V_\infty^2 c \cdot l} \qquad \text{------------------------⑤}$$

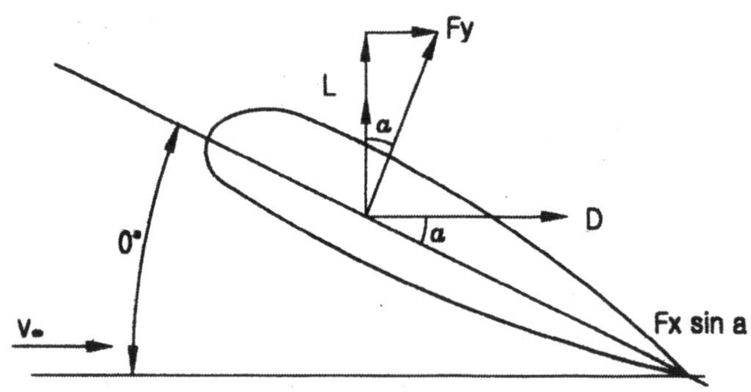

● Lift coeff.

$$C_l = \frac{L}{\frac{1}{2}\rho V_\infty^2 c \cdot l} = CF_y \cos\alpha - CF_x \sin\alpha \qquad \text{--------⑥}$$

● Drag coeff.

$$C_d = \frac{D}{\frac{1}{2}\rho V_\infty^2 c \cdot l} = CF_x \cos\alpha - CF_y \sin\alpha \qquad \text{--------⑦}$$

3 결과 및 계산

- 이 실험은 $\dfrac{P_i - P_\infty}{\frac{1}{2}\rho V_\infty{}^2}$ 를 측정하는 것이다.

즉, 아래의 그림과 같은 방법으로 Bernoullis's equation의 적용 manometer를 이용하여 측정한다.

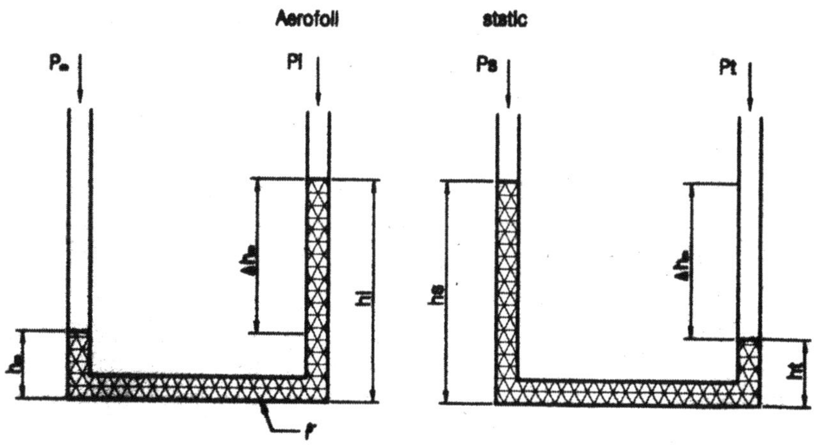

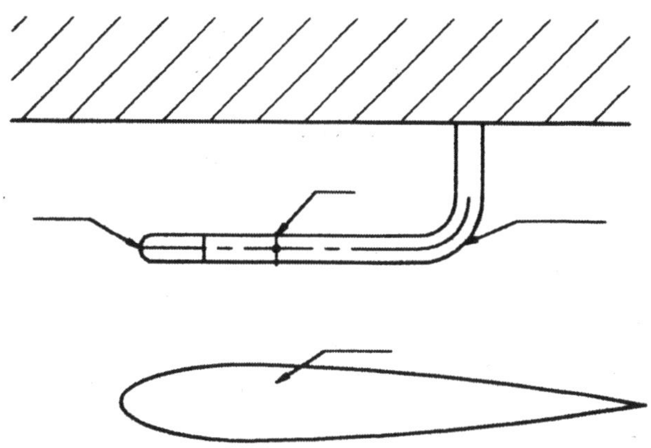

▶ $P_\infty + \rho' g h_\infty = P_i + \rho' g h_i$

$P_i - P_\infty = \rho' g(h_\infty - h_i) = \rho' g \Delta h_{i\infty}$

▶ $P_t - P_\infty = \frac{1}{2}\rho V^2{}_\infty$ 에서

$P_t + \rho' g h_t = P_s + \rho' g h_s$

$\therefore\ P_t - P_s = \rho' g(h_s - h_t) = \rho' g \Delta h_o$

$$\therefore \quad \frac{P_i - P_\infty}{\frac{1}{2}\rho V_\infty^{\ 2}} = \frac{P_i - P_\infty}{P_t - P_s} = \frac{\rho' g \Delta h_i}{\rho' g \Delta h_o} = \frac{\Delta h_i}{\Delta h_o}$$

그러므로 결과 식은

$$\therefore \quad C_\pi = \frac{P_i - P_\infty}{\frac{1}{2}\rho V_\infty^{\ 2}} = \frac{\Delta h_i}{\Delta h_o}$$

여기서 $\Delta h_i = h_\infty - h_i$

$\Delta h_o = h_s - h_t$

※ 모델 사양

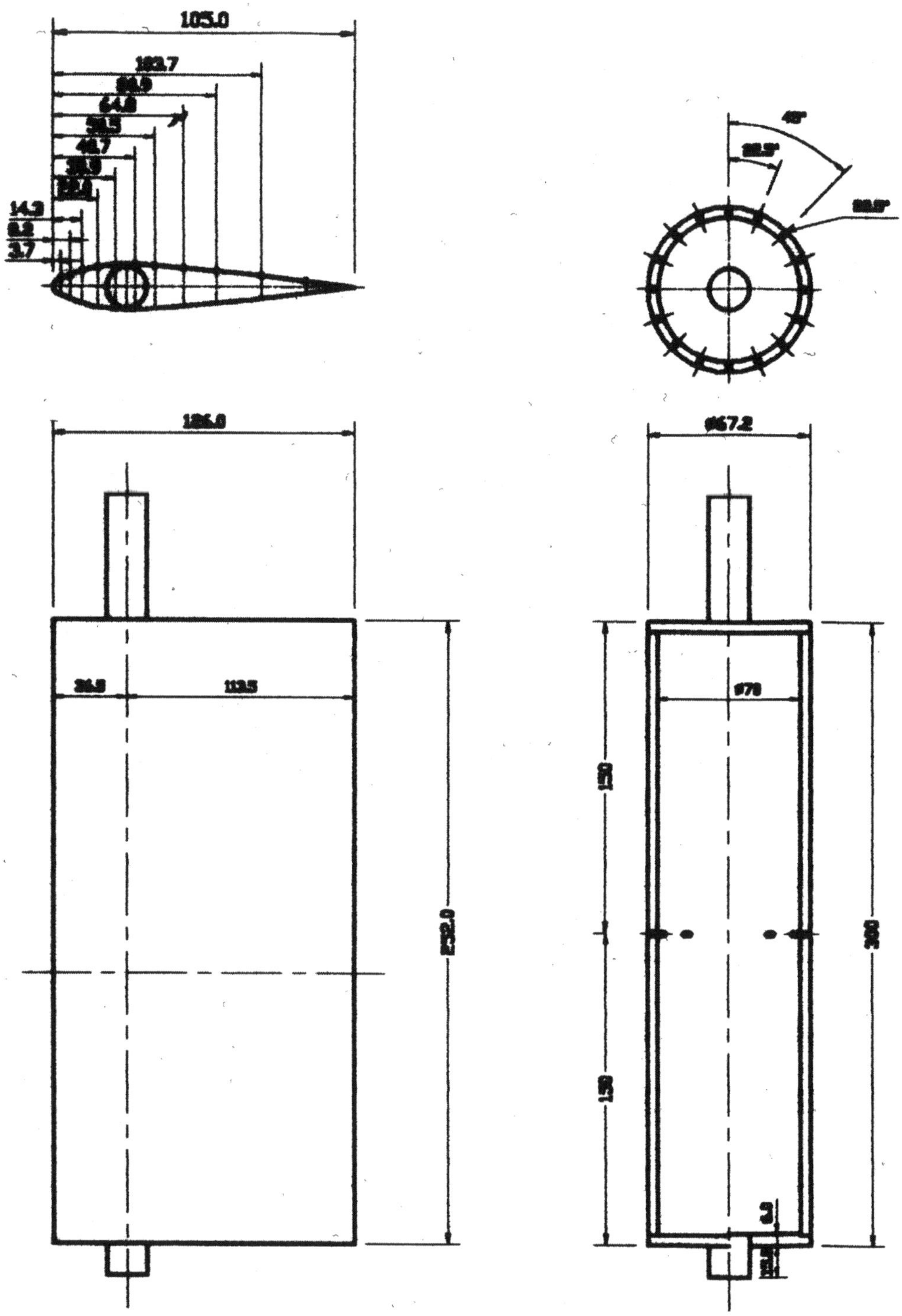

4 실험 DATA

공기온도 : ______________ ℃　　공기 μ : ______________　　공기 ρ : ______________

Re 수 : ______________　　U_∞ : ______________　　*RPM* : ______________

α / NO.	−4°	0°	4°	8°	12°	16°
1						
2						
3						
4						
5						
6						
7						
8						
9						
10						
11						
12						
13						
14						
15						
16						
17						
18						
19						
20						
21						
22						
23						
24						
25						

$$C_{p_i} = \frac{P_s - P_\infty}{\frac{1}{2}\rho U_\infty^{\ 2}} = \frac{\Delta h_i}{\Delta h_o}$$

참고문헌

1. 윤용남, 수리학, 청문각
2. 윤용남, 기초수리실험법, 청문각
3. 김운중, 수리 실험, 조선대학교 출판부
4. 지정환 편저 수리실험의 기초원리와 방법, 신광문화사
5. 유상신,서상호, 배신철 공역, 유체역학(Introduction to Fluid Mechanics), Fox & McDonald
6. T.D.Eastop and A.McCorkey, Applied Thermodynaimics for Engineering Technologists, Longmans
7. B.S.Massey, Mechanics of Fluids, Van Nostrand Reinhold Co.
8. G.F.C. Rogers and Y.R.Mayhew, Engineering Thermodynamics Work and Heat Transfer, Longmans
9. A.H.Shapiro, Thermodynamics of Compressible Fluid Flow, Ronald Press
10. J.K.Vennard and R.L.Street, Fluid Mechanics, Wiley
11. Noel de nevers, Fluid Mechanics, Addison Wesley Pub.

추가 실험 측정 데이터 목록

6. 관로마찰 실험장치 - 오리피스,노즐 손실 데이터

7. 관로마찰 실험장치 - 곡관_밸브_돌축확(합본 최종)

8. 피토관 실험 측정지

6-A 오리피스 유량측정 - 곧은관로 손실 측정 DATA표 (오리피스, 중량유량)

실 험 명 : 유량측정실험 실험일자 : 년 월 일

학번 성명:
학번 성명:
학번 성명:
학번 성명:
학번 성명:

수온 (C°) 동점성계수 ν(m^2/s)

ORIFICE																
NO.	계 측				계 산											
	오리피스 수두		곧은관로		오리피스 수두차	7-8	관내유속	레이놀드 수	오리피스 유량계수	오리피스 유량 (A)	최초눈금 V_1	최종눈금 V_2	체적 $V_2 - V_1$	시간	중량유량 (B)	오리피스 유량과 중량유량 차이 (A - B)
	$h_1(m)$	$h_2(m)$	7	8	$\Delta h(m)$	$\Delta h(m)$	$V(m/s)$	R_e	C_v	m^3/s	mm	mm	m^3	sec.	m^3/s	
1																
2																
3																
4																
5																
6																
7																
8																
9																
10																

6-B 노즐 유량측정- 곧은관로 손실측정 DATA표 (노즐, 중량유량)

Nozzle																
NO.	계 측				계 산											
	Nozzle 수두		곧은관로		Nozzle 수두차	5-6	관내유속	레이놀드수	Nozzle 유량계수	Nozzle 유량 (A)	최초눈금 V_1	최종눈금 V_2	체적 $V_2 - V_1$	시간	중량유량 (B)	Nozzle 유량과 중량유량 차이 (A - B)
	$h_1(m)$	$h_2(m)$	5	6	$\Delta h(m)$	$\Delta h(m)$	$V(m/s)$	R_e	C_v	m^3/s	mm	mm	m^3	sec.	m^3/s	
1																
2																
3																
4																
5																
6																
7																
8																
9																
10																

7. 실험 DATA표 (직관, 곡관, 밸브)

실 험 명 : 부차적 손실 측정실험　　　실험일자 :　　　　년　　　월　　　일

학번　　　　　　성명:
학번　　　　　　성명:
학번　　　　　　성명:
학번　　　　　　성명:
학번　　　　　　성명:

수 온			℃			동점성계수 (ν)			m^2/s				밀 도(ρ)				kg/m^3			Sudden Enlarge & constraction			
No.	실유량	수 주 높 이 (mm)																		실유량	수주높이 (mm)		
	리터/초	9 완만 축소 Φ28	10 Φ17.5	11 곡관 Φ17.5	12 Φ17.5	13 엘보 Φ17.5	14 Φ17.5	15 직각 엘보 Φ17.5	16 Φ17.5	17 완만 확대 Φ17.5	18 Φ37	19 완만 축소 Φ37	20 Φ17.5	21 돌연 확대 Φ17.5	22 Φ37	23 돌연 축소 Φ37	24 Φ17.5	25 (밸브 손실) Φ17.5	26 Φ17.5	리터/분	H	L	H
1																							
2																							
3																							
4																							
5																							
6																							
7																							

실험 DATA표 (돌연확대, 돌연축소 손실)

No.	리터/초		유량 (m^3/sec.)	유속 V		레이놀즈수 Re		부차적손실계수 (K)		수두차 $\Delta h(mm)$	
				Sudden Enlarge & constraction		Sudden Enlarge & constraction		Sudden Enlarge & constraction		Sudden Enlarge & constraction	
				Φ28	Φ14	Φ28	Φ14	Φ28에서Φ14로 축소 시	Φ14에서Φ28로 확대 시	축소 Δh (H-L)	확대 Δh (L-H)
1											
2											
3											
4											
5											

8. 실험DATA표-1

실 험 명 :

실 험 자 : 학번 :

장 치 명 :

실험 일자 : 년 월 일

물의 점성계수(20℃) : μ=

물의 동점성계수(20℃) : ν=

물의 비중량(20℃) : γ=

측정관의 내경 : r_0 = 25 mm

구분 / 횟수	Manometer 측정값(mmH₂O)			평균유속 (m/s)	임의의 반경에 대한 유속(m, m/s)(1)			
	h_1	h_2	(2) Δh	(3) $\overline{u_m}$	(4) r	(5) u	$\frac{r}{r_0}$	$\frac{u}{u_m}$
1					$r_1 =$ 0			
					$r_2 =$ 5			
					$r_3 =$ 10			
					$r_4 =$ 15			
					$r_5 =$ 20			
					$r_5 =$ 22.5			
2					$r_1 =$ 0			
					$r_2 =$ 5			
					$r_3 =$ 10			
					$r_4 =$ 15			
					$r_5 =$ 20			
					$r_5 =$ 22.5			
3					$r_1 =$ 0			
					$r_2 =$ 5			
					$r_3 =$ 10			
					$r_4 =$ 15			
					$r_5 =$ 20			
					$r_5 =$ 22.5			

※ 매끄러운 관에서의 실험식을 사용함

(1) 관중심에서 상,하방향중 한방향만 측정한다.

(2) 경사측정시 경사마노메터 사용법참고

(3) $V=\sqrt{2g\Delta h}$ (Δh는 1000으로 나누어서 mH_2O로 환산하여 대입한다.)

(4) 층류 - $Q = \frac{\pi R^4}{8\mu\ell}(P_1 - P_2)$ 혹은 $Q = \frac{\pi R^4 \gamma\ \Delta h}{8\mu\ell}$

난류 - $Q = \frac{\pi \cdot D^2}{4} u_* (2.5\ln\frac{u_* y}{\nu} + 5.5)$

(5) 피토관의 측정점 - 반경

(6) $\frac{u}{u_*} = 2.5\ln\frac{u_* y}{\nu} + 5.5$

실험DATA표-(2-1)

2. Q = lpm 이고, 경사각 1/1일 때

	h_1 (mmH_20)	h_2 (mmH_20)	Δh (mH_20)	u (m/s)
$r_{1=}$ 0				
$r_{2=}$ 5				
$r_{3=}$ 10				
$r_{4=}$ 15				
$r_{5=}$ 20				
$r_{5=}$ 22.5				

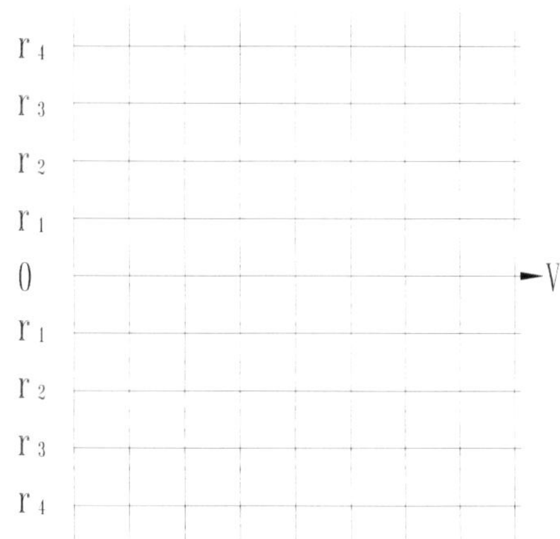

2. Q = lpm 이고, 경사각 1/2일 때

	h_1 (mmH_20)	h_2 (mmH_20)	Δh (mH_20)	u (m/s)
$r_{1=}$ 0				
$r_{2=}$ 5				
$r_{3=}$ 10				
$r_{4=}$ 15				
$r_{5=}$ 20				
$r_{5=}$ 22.5				

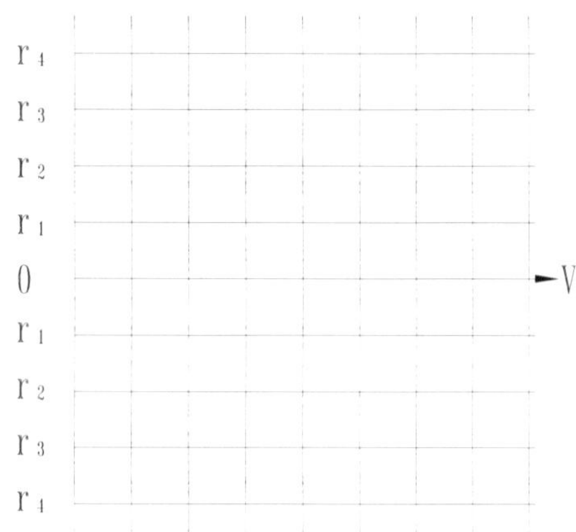

2. Q = lpm 이고, 경사각 1/5일 때

	h_1 (mmH_20)	h_2 (mmH_20)	Δh (mH_20)	u (m/s)
$r_{1=}$ 0				
$r_{2=}$ 5				
$r_{3=}$ 10				
$r_{4=}$ 15				
$r_{5=}$ 20				
$r_{5=}$ 22.5				

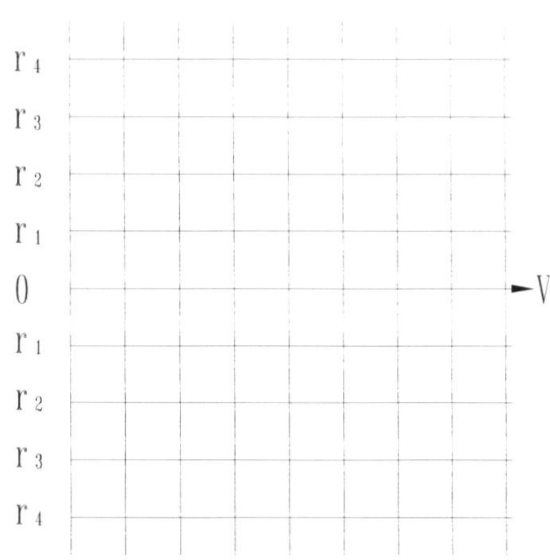

실험DATA표-(2-2)

1. Q =   *lpm* 이고, 경사각 1/1일 때

	H1 mmH_2O	H2 mmH_2O	ΔH mH_2O	u m/s
$r_1 =$ 0				
$r_2 =$ 5				
$r_3 =$ 10				
$r_4 =$ 15				
$r_5 =$ 20				
$r_5 =$ 22.5				

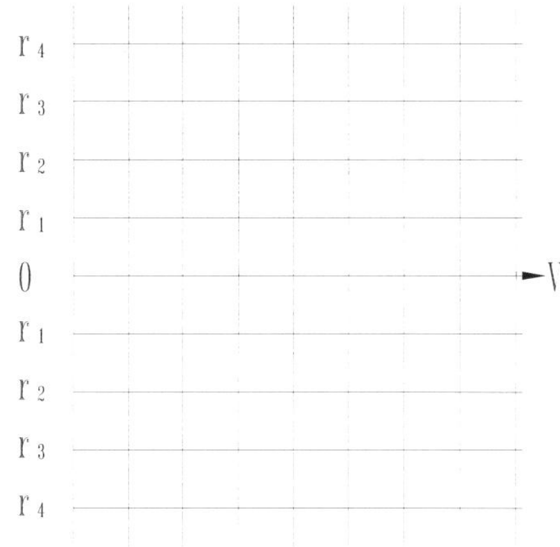

2. Q =   *lpm* 이고, 경사각 1/2일 때

	H1 mmH_2O	H2 mmH_2O	ΔH/2 mH_2O	u m/s
$r_1 =$ 0				
$r_2 =$ 5				
$r_3 =$ 10				
$r_4 =$ 15				
$r_5 =$ 20				
$r_5 =$ 22.5				

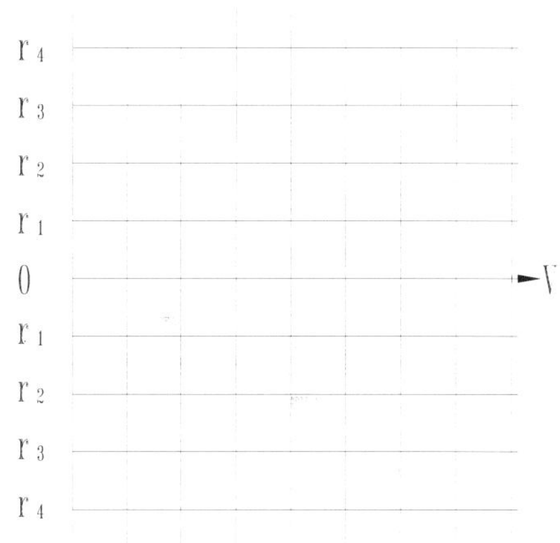

3. Q =   *lpm* 이고, 경사각 1/5일 때

	H1 mmH_2O	H2 mmH_2O	ΔH/5 mH_2O	u m/s
$r_1 =$ 0				
$r_2 =$ 5				
$r_3 =$ 10				
$r_4 =$ 15				
$r_5 =$ 20				
$r_5 =$ 22.5				

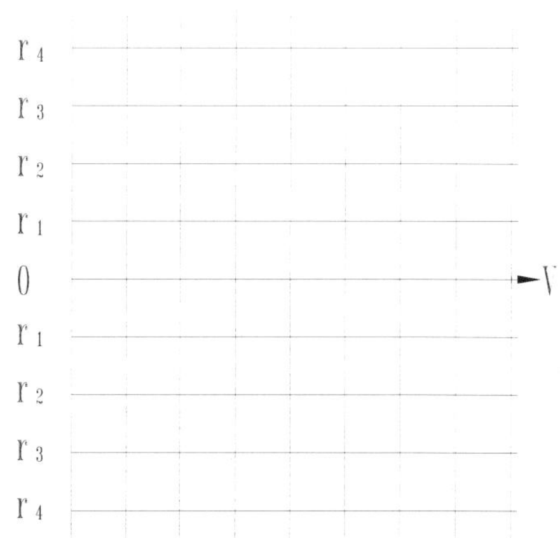

실험DATA표-(2-3)

1. Q = lpm 이고, 경사각 1/1일 때

	H1 mmH_2O	H2 mmH_2O	ΔH mH_2O	u m/s
$r_1 =$ 0				
$r_2 =$ 5				
$r_3 =$ 10				
$r_4 =$ 15				
$r_5 =$ 20				
$r_5 =$ 22.5				

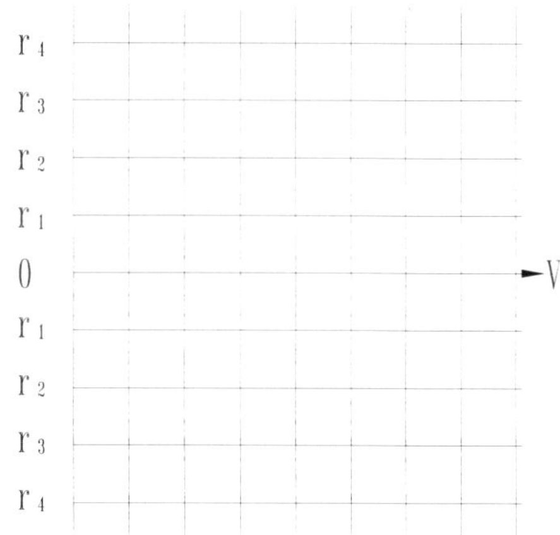

2. Q = lpm 이고, 경사각 1/2일 때

	H1 mmH_2O	H2 mmH_2O	ΔH/2 mH_2O	u m/s
$r_1 =$ 0				
$r_2 =$ 5				
$r_3 =$ 10				
$r_4 =$ 15				
$r_5 =$ 20				
$r_5 =$ 22.5				

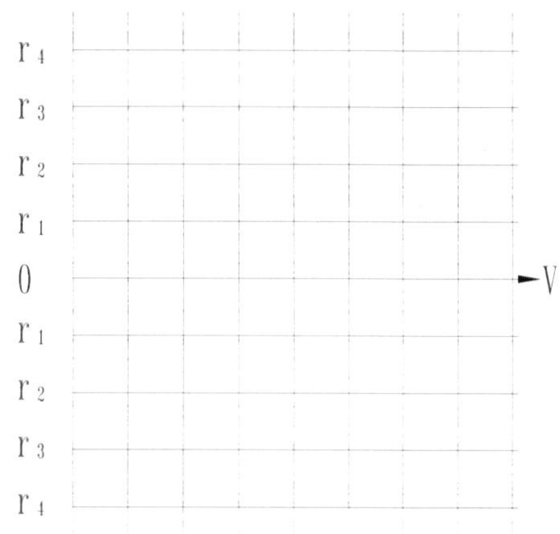

3. Q = lpm 이고, 경사각 1/5일 때

	H1 mmH_2O	H2 mmH_2O	ΔH/5 mH_2O	u m/s
$r_1 =$ 0				
$r_2 =$ 5				
$r_3 =$ 10				
$r_4 =$ 15				
$r_5 =$ 20				

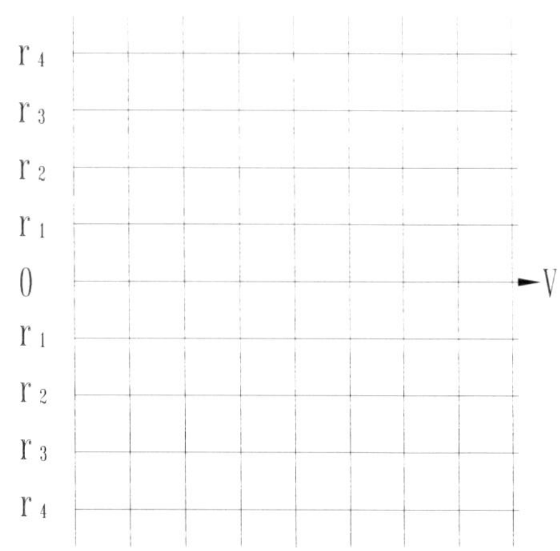

실험DATA표-(예시)

1. Q = 6.6 m^3/h 이고, 경사각 1/1일 때

	H1 mmH_2O	H2 mmH_2O	ΔH mH_2O	u m/s
R_0= 0	141	72	0.069	1.163
R_1=11.18	138	73	0.065	1.129
R_2=15.8	135	75	0.06	1.084
R_3=19.38	134	76	0.058	1.066
R_4=22.35	131	78	0.053	1.019

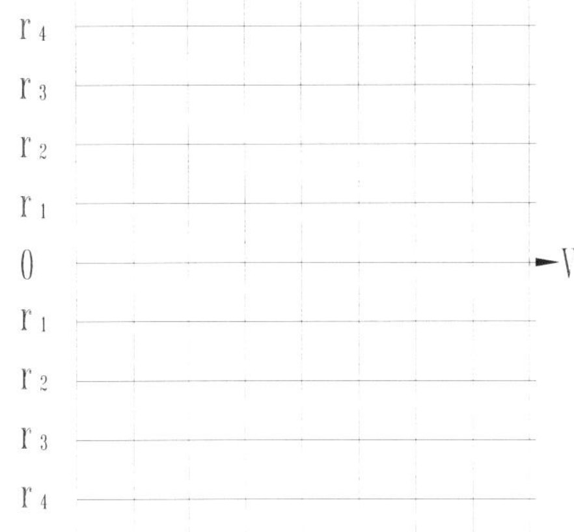

2. Q = 6.6 m^3/h 이고, 경사각 1/2일 때

	H1 mmH_2O	H2 mmH_2O	ΔH/2 mH_2O	u m/s
R_0= 0	165	57	0.054	1.029
R_1=11.18	160	62	0.049	0.98
R_2=15.8	157	64	0.0465	0.95
R_3=19.38	154	66	0.044	0.93
R_4=22.35	150	72	0.039	0.87

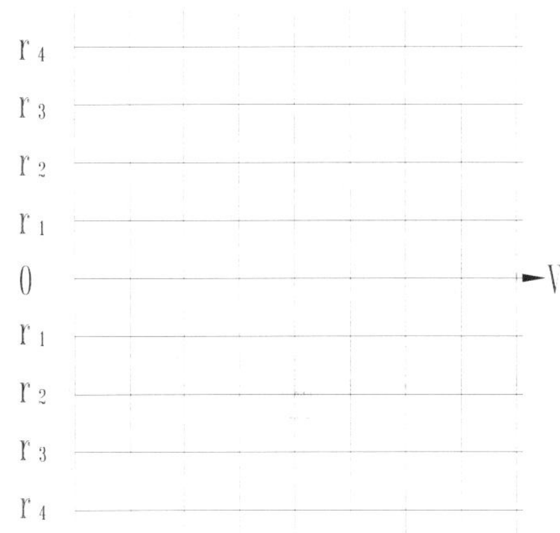

3. Q = 4 m^3/h 이고, 경사각 1/5일 때

	H1 mmH_2O	H2 mmH_2O	ΔH/5 mH_2O	u m/s
R_0= 0	135	17	0.0236	0.68
R_1=11.18	133	20	0.0226	0.67
R_2=15.8	131	21	0.022	0.657
R_3=19.38	128	23	0.021	0.64
R_4=22.35	123	28	0.019	0.61

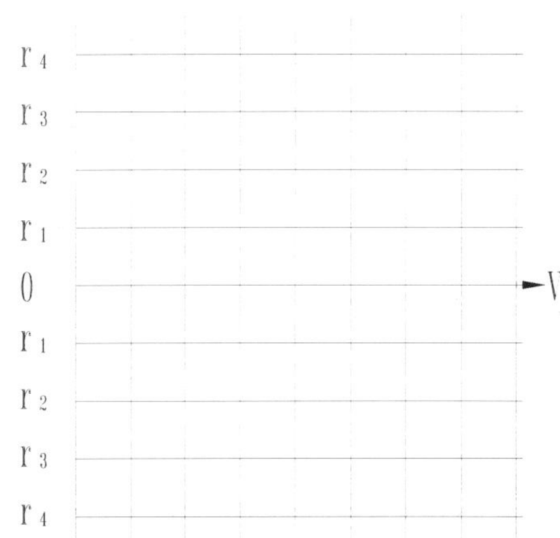

열유체실험실습

저 자 이채문, 박남섭, 이점주(유한대학교 기계공학과 교수)

인 쇄 2021년 7월 1일 제1판 제1인쇄
발 행 2021년 7월 1일 제1판 제1발행

발행인 고형식
발행처 고성도서유통
서울시 서초구 동산로 19길 30-14, 102호(남양빌딩1층)
전화 02-2060-7764
팩스 02-2060-7765

ISBN : 979-11-87462-16-3

값 18,000원